建筑结构施工图一图一讲

（图解+视频+实例）

主 编 钟金如 李 娜

副主编 眭灵峰 高海静

参 编 侯永利 臧耀帅 党紫威

U0378946

机械工业出版社

CHINA MACHINE PRESS

本书是 9 天成为建筑工程识图高手丛书之一。

本书共分为 5 章，分别为建筑结构施工图识读基础知识、图样目录和结构设计总说明的识读、钢筋混凝土结构施工图的识读、钢结构施工图的识读、砌体结构施工图的识读。

本书采用图解+视频+实例的编写形式，通过图解识图内容，文本说明框的形式解读识图重点、要点和难点。本书还配有视频，读者可以扫码自行观看学习。

本书可供从事建筑工程设计人员使用，也可供相关专业大中专院校师生学习参考。

图书在版编目（CIP）数据

建筑结构施工图一图一讲：图解+视频+实例／钟金如，李娜主编 . -- 北京：机械工业出版社，2024. 7.
（9 天成为建筑工程识图高手）. -- ISBN 978-7-111
-76384-0

Ⅰ. TU204. 21

中国国家版本馆 CIP 数据核字第 202436MF03 号

机械工业出版社（北京市百万庄大街 22 号　邮政编码 100037）

策划编辑：张　晶	责任编辑：张　晶　范秋涛
责任校对：李小宝　张昕妍	封面设计：张　静
责任印制：单爱军	

北京虎彩文化传播有限公司印刷

2024 年 10 月第 1 版第 1 次印刷

184mm×260mm · 11 印张 · 256 千字

标准书号：ISBN 978-7-111-76384-0

定价：69. 00 元

电话服务　　　　　　　网络服务

客服电话：010-88361066　机 工 官 网：www. cmpbook. com

　　　　　010-88379833　机 工 官 博：weibo. com/cmp1952

　　　　　010-68326294　金 书 网：www. golden-book. com

封底无防伪标均为盗版　机工教育服务网：www. cmpedu. com

前　言

　　建筑施工图是工程设计人员科学地表达建筑形体、结构、功能的图语言。如何正确理解设计意图，实现设计目的，把设计蓝图变成实际建筑，前提就在于实施者必须看懂施工图。而且现在建设工程的发展迅速，建筑物随处可见，其形状千姿百态，施工方法变化万千。所以，在施工图识读方面对从业人员的要求越来越高。

　　施工图识读是建筑工程设计、施工的基础。施工图是建筑工程施工的依据之一，而且是重中之重。对于建筑从业人员而言看懂施工图样是一项非常重要的专业技能。刚参加工作和工作了很多年但远离施工现场的工程师，乍一看建筑施工图会有点"丈二和尚摸不着头脑"的感觉。其实施工图并不难看懂，难就难在没有耐心和兴致看下去。

　　为此，我们精心编写了本书，目的就是让从业人员能够快速提高自己的行业技术，培养从业人员具备按照国家标准，正确阅读、理解建筑施工图的基本能力，具备理论与实践相结合的能力以及具备对于空间布局的想象能力。

　　由于建筑工程的千变万化，所以在书中我们提供的看图实例总是有限的，但能起到帮助施工人员掌握施工图样识读的基本知识和具体方法的作用，给读者以初步入门的指引。

　　本书以新规范为指导，将工程实践与理论知识相结合，循序渐进地介绍了建筑施工图基础知识、识读内容、识读技巧以及识图过程中可能遇到的问题。通过大量的实例列举，对各类施工图进行讲解，可以使读者接触到大量的工程实例，以便读者快速提高实践中的识图能力。

　　本书内容包括建筑结构施工图识读基础知识、图样目录和结构设计总说明的识读、钢筋混凝土结构施工图的识读、钢结构施工图的识读、砌体结构施工图的识读。

　　本书层次分明，内容翔实，语言简练，图文并茂，浅显易懂，可供从事建筑工程设计人员使用，也可供相关专业大中专院校师生学习参考。

　　最后，编者衷心感谢参与本书编写以及为本书编写提供过帮助的所有朋友。鉴于编者水平有限，书中难免存在不足之处，恳请读者批评指正。

目 录

第一章

建筑结构施工图识读基础知识

建筑结构施工图识读基础知识框架如图1-1所示。

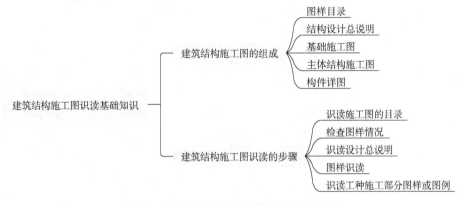

图1-1 建筑结构施工图识读基础知识框架

第一节 建筑结构施工图的组成

一、图样目录

图样目录是了解建筑设计的整体情况的文件，从目录中可以明确图样数量、出图大小、工程号，还有建筑单位及整个建筑物的主要功能。

图样目录的内容包括总设计说明、建筑施工图、结构施工图、给水排水施工图、暖通空调施工图、电气施工图等各个专业的每张施工图样的名称和顺序。

图样目录一般分专业编写，如建施-××、结施-××、暖施-××、电施-××等，见表1-1。

二、结构设计总说明

结构设计总说明是结构施工图的总说明，主要是文字性的内容。结构施工图中未表示清楚的内容都反映在结构设计总说明中。结构设计总说明通常放在图样目录后面或建筑总平面图后面，它的内容根据建筑物的复杂程度有多有少，但一般应包括工程概况、设计依据、工程做法等内容，见表1-2。

表 1-1　某工程的图样目录

图别	图号	图名	图别	图号	图名	图别	图号	图名
建施	1	目录　建筑设计说明	结施	1	结构设计总说明	水施	1	材料统计表图例表说明 平面详图　给水系统图
建施	2	总平面图	结施	2	基础平面布置图基础详图	水施	2	一层给水排水平面图
建施	3	节能设计门窗表	结施	3	3.270m 层结构平面布置图	水施	3	二~四层给水排水平面图
建施	4	一层平面图	结施	4	6.570~13.170m 层结构平面布置图	水施	4	五层给水排水平面图
建施	5	二层平面图	结施	5	16.470m 层结构平面布置图	水施	5	排水系统图　消火栓系统图
建施	6	三~五层平面图	结施	6	楼梯配筋图	暖施	1	一层采暖平面图
建施	7	屋顶平面图	电施	1	设计说明　主材料强电弱电系统图	暖施	2	二~四层采暖平面图
建施	8	背立面图	电施	2	一层照明平面图	暖施	3	五层采暖平面图
建施	9	北立面图	电施	3	二~五层照明平面图	暖施	4	采暖系统图（一）
建施	10	东立面图　卫生间详图	电施	4	屋顶防雷平面图	暖施	5	采暖系统图（二）
建施	11	1—1 剖面图　2—2 剖面图	电施	5	一~五层电话平面图	暖施	6	设计说明　材料统计表图例表
建施	12	楼梯详图						

表 1-2　结构设计总说明的内容

项目	内容
工程概况	一般包括工程的结构体系、抗震设防烈度、荷载取值、结构设计使用年限等内容
设计依据	一般包括国家颁布的建筑结构方面的设计规范、规定、强制性条文、建设单位提供的地质勘察报告等方面的内容
工程做法	一般包括地基与基础工程、主体工程、砌体工程等部位的材料做法等，如混凝土构件的强度等级、保护层厚度；配置的钢筋级别、钢筋的锚固长度和搭接长度；砌块的强度、砌筑砂浆的强度等级、砌体的构造要求等方面的内容

　　凡是直接与工程质量有关而在图样上无法表示的内容，往往在图样上用文字说明表达出来，这些内容是识读图样必须掌握的，需要认真阅读。表 1-3 为某底商住宅楼的结构设计总说明的一部分。

表 1-3　某底商住宅楼的结构设计总说明

结构设计总说明

（1）工程概况

本工程为××底商住宅楼，结构形式为异形框架柱结构，筏形基础，底层地下室层高为 3.200m，一层商场层高为 4.500m，二、三层商场层高为 3.800m，标准层层高为 3.300m，塔楼层高为 3.500m。

（2）设计依据

1）《建筑结构可靠性设计统一标准》（GB 50068—2018）。

2）《建筑抗震设防分类标准》（GB 50223—2008）。

3）《建筑结构荷载规范》（GB 50009—2012）。

4）《建筑抗震设计规范》（GB 50011—2010）（2016 年版）。

（续）

5）《建筑地基基础设计规范》（GB 50007—2011）。

6）《混凝土结构设计规范》（GB 50010—2010）（2015 年版）。

7）《砌体结构设计规范》（GB 50003—2011）。

8）《混凝土异形柱结构技术规程》（JGJ 149—2017）。

9）《××底商住宅楼岩土工程详细勘察报告》。

10）中国建筑科学研究院 PKPMCAD 工程部提供结构计算软件及绘图软件。

（3）一般说明

1）本工程结构的安全等级为二级，结构重要性系数取 1.0，在确保说明要求的材料性能、荷载取值、施工质量及正常使用与维修控制条件下，本工程的结构设计年限为 50 年。

2）本工程图中尺寸除注明者外，均以 mm 为单位，标高以 m 为单位。

3）本工程±0.000 为室内地面标高，相对于绝对标高见结施图。

4）根据《建筑抗震设计规范》附录 A，本工程抗震设防烈度小于 6 度，设计地震分组为第一组（基本地震加速度 0.5g），场地类别为三类，无液化土层。考虑到承重墙体对结构整体刚度的影响，周期折减系数取 0.6。

5）本工程为丙类建筑，其地震作用及抗震措施均按 6 度考虑，框架的抗震等级为框架三级，剪力墙三级。

6）建筑物耐久性环境，地上结构为一类，地下为二类。露天环境和厨房、卫生间的环境类别为二类。

（4）可变荷载

基本风压 0.4kN/m²，基本雪压 0.45kN/m²，阳台、楼梯间 2.5kN/m²，卧室、餐厅 2.0kN/m²，书房 2.0kN/m²，厨房、卫生间 2.0kN/m²，不上人屋面 0.7kN/m²，上人屋面 2.0kN/m²，客厅、起居室 2.0kN/m²。

（5）地基与基础

1）本工程采用柱下独立基础，基础持力层位于第二层粉质黏土层上，地基承载力特征值为 160kPa。

2）基坑开挖时应根据现场场地情况由施工方确定基坑支护方案。

3）施工时应采用必要的降水措施，确保水位降至基底下 500mm 处，降水作业应持续至基础施工完成。

（6）材料（图中注明者除外）

1）混凝土。混凝土强度等级见表 1-4。

表 1-4 混凝土强度等级

结构部分	强度等级	备注
基础	C15	垫层抗渗等级 S6
地下室墙、基础板	C30	
柱标高 15.180m 以下	C30	
柱标高 15.180m 以上	C25	
所有现浇板、框架梁	C25	

2）钢筋采用：HPB300-Φ焊条 E43××级，HRB400-Φ焊条 E50××级。

3）油漆：凡外露钢构件必须在除锈后涂防腐漆、面漆各两道，并经常注意维护。

4）砌体：按质量控制 B 级，施工方法及要求参见省标 97YJ406。

（7）构造要求

1）混凝土保护层（mm）：纵向受力钢筋的混凝土保护层厚度除符合表 1-5 规定外，不应小于钢筋的公称直径。

（续）

表 1-5　纵向受力钢筋的混凝土保护层厚度　　　　　　　（单位：mm）

结构部分	厚度
地下室外墙外侧	30
地下室外墙内侧	20
基础底板、梁下部	40
基础底板、梁上部	30
框架柱	30
楼面梁	25
楼板、楼梯板、混凝土墙	15

注：梁板预埋管的混凝土保护层厚度大于或等于 30mm，板墙中分布钢筋保护层厚度大于或等于 10mm，柱、梁中箍筋和构造钢筋的保护层厚度不应小于 15mm。

2）纵向受拉钢筋的锚固长度 L_{aE}，详见《混凝土结构施工图平面整体表示方法制图规则和构造详图》（现浇混凝土框架、剪力墙、梁、板）（22G101-1）中 53 页表，纵向受压钢筋锚固长度应乘以修正系数 0.7 且应大于或等于 250mm。

3）钢筋的最小搭接长度 L_{LE} 应满足国家有关规定的要求。

（8）门窗、楼梯、栏杆等预埋件详见结施图。

（9）施工要求：本工程施工时，除应遵守本说明及各设计图样说明外，尚应严格执行国家规范《混凝土结构工程施工质量验收规范》（GB 50204—2015）。

（10）应结合各专业图样预留孔洞，洞口尺寸及位置需由各专业工种核对无误后方可浇筑混凝土。沉降观测：本工程应在施工及使用过程中进行沉降观测，观测点的位置、埋设、保护，请施工与使用单位配合。

（11）采用标准图集：《混凝土结构施工图平面整体表示方法制图规则和构造详图》（现浇混凝土框架、剪力墙、梁、板）（22G101-1），钢筋混凝土过梁（02YG301），砌体结构构造详图（02YG001-1）。

（12）基础梁平面表示法参见《混凝土结构施工图平面整体表示方法制图规则和构造详图》（独立基础、条形基础、筏形基础、桩基础）（22G101-3）。

三、基础施工图

基础施工图一般由基础平面图、基础详图和设计说明组成。由于基础是首先施工的部分，基础施工图往往又是结构施工图的前几张图样。其中，设计说明的主要内容是明确室内地面的设计标高及基础埋深、基础持力层及其承载力特征值、基础的材料，以及对基础施工的具体要求。

基础平面图是假想用一个水平面沿着地面剖切整幢房屋，移去上部房屋和基础上的泥土，用正投影法绘制的水平投影图。基础平面图主要表示基础的平面布置情况，以及基础与墙、柱定位轴线的相对关系，是房屋施工过程中指导放线、基坑开挖、定位基础的依据。基础平面图的绘制比例，通常采用1：50、1：100、1：200。基础平面图中的定位轴线网格与建筑平面图中的轴线网格完全相同。

由于基础布置平面图只表示了基础平面布置，没有表达出基础各部位的断面，为了给基础施工提供详细的依据，就必须画出各部分的基础断面详图。

基础详图是一种断面图，是采用假想的剖切平面垂直剖切基础具有代表性的部位而得到的断面图。为了更清楚地表达基础的断面，基础详图的绘制比例通常取1：20、1：30。基础详图充分表达了基础的断面形状、材料、大小、构造和埋置深度等内容。基础详图一般采用垂直的横剖断面表示。断面详图相同的基础用同一个编号、同一个详图表示。对断面形状和配筋形式都较类似的条形基础，可采用通用基础详图的形式，通用基础详图的轴线符号圆圈内不注明具体编号。

对于同一幢房屋，由于其内部各处的荷载和地基承载力不同，其基础断面的形式也不相同，所以需画出每一处断面形式不同的基础的断面图，断面的剖切位置在基础平面图上用剖切符号表示。

四、主体结构施工图

相对于基础工程，主体工程是指房屋在基础以上的部分。建筑物的结构形式主要是根据房屋基础以上部分的结构形式来区分的。

表示房屋上部结构布置的图样称为结构布置图。结构布置图采用正投影法绘制，设想用一个水平剖切面沿着楼板上表面剖切，然后移去剖切平面以上的部分所做的水平投影图，用平面图的方式表达，因此也称为结构平面布置图。这里要注意的是，结构平面图与建筑平面图的不同之处在于它们选取的剖切位置不一样，建筑平面是在楼层标高+900mm，即大约在窗台的高度位置将建筑物切开，而结构平面则是在楼板上表面处将建筑物切开，然后向下投影。对于多层建筑，结构平面布置图一般应分层绘制，但当各楼层结构构件的类型、大小、数量、布置情况均相同时，可只画一个标准层的结构平面布置图。构件一般用其轮廓线表示，如能表示清楚，也可用单线表示，如梁、屋架、支撑等可用粗点画线表示其中心位置；楼梯间或电梯间一般另见详图，故在平面图中通常用一对交叉的对角线及文字说明来表示其范围。

五、构件详图

主体结构施工图只表示出了一些常规构件的设计信息，但对于一些特殊的构件或者在结构平面图中无法表示清楚的构件，尚需单独绘制详图来表达。

结构详图是用来表示特殊构件的尺寸、位置、材料和配筋情况的施工图，主要包括楼梯结构详图和建筑造型的有关节点详图等特殊构件。

第二节　建筑结构施工图识读的步骤

建筑结构施工图识读的步骤如图 1-2 所示。

	第一步 识读施工图的目录	从中了解该拟建建筑的业主、设计单位、图样总张数、建筑的类型、建筑的用途、建筑的面积、建筑的层数等，从而初步了解这套施工图的基本情况
	第二步 检查图样情况	重点查阅图样种类是否齐全，张数是否足够，图样编号是否正确，编号与图号是否符合，查对所采用的有关规范、规程和套用的标准图集，了解它们的编号和编制单位，并收集这些资料以备查用，这些均为正式识图前的准备工作，它关系到接下去识图过程的顺利与否
	第三步 识读设计总说明	仔细识读设计总说明，重点了解建筑概况、技术要求、材料使用情况等，为全面识读施工图做准备
建筑结构施工图识读的步骤	第四步 图样识读	识读建筑总平面图，熟悉拟建建筑物所处的地理位置、场地概貌、高程、坐标、朝向、周边关系、与已建建筑物的相对位置等情况，倘若识图者是一名施工技术人员，在识读建筑总平面图之后，接着应进一步分析和考虑在施工时如何合理地进行施工总平面布置，力争做到方便、整洁、高效、有序地布局
		在建筑总平面图识读完毕之后，一般按图样目录的编排顺序逐张往下识读
		识读建筑的立面图和剖面图，从中了解建筑沿高度方向的排列与布局、空间组合、垂直交通系统、层高与标高、建筑物总高度等内容，从而对整栋建筑物有一个总的了解，并且结合上述的识读内容，在脑海中形成对这栋建筑一个整体的空间立体形象，同时想象出其基本轮廓和规模
		大致翻阅一下水施、电施等设备施工图，初步了解设备安装过程中对土建的要求和影响
		识读基础结构平面布置图及相应的剖切详图和构件详图，重点了解基础的埋深，挖土的深度，基础的构造、尺寸，所用的材料，防水处理技术及做法，轴线的位置等方面内容
		识读楼层结构平面布置图，重点识读构件的类型、编号、尺寸及其在布置图中的具体位置、楼层标高、配筋情况、预留孔洞位置、构件详图
		识读屋盖结构平面布置图，重点识读出屋面的构件布置及其详图，屋面标高、找坡、天沟、女儿墙，以及一般楼层结构平面布置图的基本内容
	第五步 识读工种施工部分 图样或图例	在识读上述全部图样之后，按照不同工种有关的施工部分，对施工图再进一步仔细识读。对于钢筋工序而言，凡是图样中有表达钢筋的地方，必须仔细识读，了解钢筋的类别、直径、形状、根数和排列方式，以及搭接方法，从而才能正确地进行下料长度计算、钢筋制作和钢筋的绑扎。同理，对于其他各工种工序都应从施工图中认真识读，了解所需施工的部分，以及与其他工序之间的时间关系、位置关系和相互的影响或制约条件等

图 1-2　建筑结构施工图识读的步骤

知识扩展

经验总结

　　通过认真识读施工图样和参加工程建筑施工实际活动及相关的工作，不断地总结实践经验和识图的方法与技术。在识读施工图时还应该能够发现各类施工图之间是否存在有矛盾的地方，在构造上是否可以施工，表达上是否有错误，是否存在与国家颁发的现行有关工程技术标准、规范和规程相悖之处，支撑标高是否能与砌块高度对口，是否符合砌块皮数要求等。与此同时，养成及时做记录的习惯，一边识读施工图，一边认真做笔记，记录关键工序的关键内容，以免遗忘，以备查阅、讨论和更改。从砌体建筑来讲，关键的内容有轴线的编号和位置、轴线间的尺寸，房屋的开间和进深尺寸，楼层高度，楼房总高度，主要的梁板、柱和墙体的断面尺寸、长度和高度；采用的混凝土的强度等级、砂浆的类型及其强度等级、钢筋的品种等。必须注意的是，通过一次识读图样是不能将拟建建筑物全部记住的，只能是先从大的方面总体的情况熟悉。在实际工作中还应该结合具体施工工序再仔细地识读相关的部分图样，只有真正做到按图施工，并无出现差错，才能算得上真正看懂图样。

随着识图技术的提高和实践经验的丰富，最后才能把平面上的图形"看"成为一栋富有立体感的建筑形象。到此程度，那就称得上具有一定的识图水平了。当然，这个目标的实现，需要的是技术的提高，经验的积淀，还有本身所具有和经过培养得到的空间概念及空间想象力。因此，需要一个过程的训练，而并非是一朝一夕所能具备的，通过实践→总结→积累→再实践→再总结→再积累的多层次锻炼才能达到。所以，只要具备了识读图样的初步知识，同时认真钻研，虚心求教，循序渐进，达到会识图、能看图和看懂图并不难。

第二章

图样目录和结构设计总说明的识读

第一节　图样目录的识读

一、××底商住宅楼的结构专业图样目录实例

××底商住宅楼的结构专业图样目录见表 2-1。

表 2-1　××底商住宅楼的结构专业图样目录

×××底商住宅楼

结构专业图样目录

设计单位：××工程设计有限公司

建设单位：××建筑公司

序号	图样编号	图样名称	图幅号
1	结施-01	结构设计总说明（一）	A2
2	结施-02	结构设计总说明（二）	A2
3	结施-03	结构设计总说明（三）	A2
4	结施-04	基础板配筋图	A2
5	结施-05	基础模板图及基础详图	A2
6	结施-06	地下室柱定位图及一～三层柱配筋平面图	A2+1/4
7	结施-07	四～八层柱配筋平面图	A2+1/4
8	结施-08	顶层柱配筋图及详图	A2
9	结施-09	标高-0.020m、4.180m 梁配筋图	A2
10	结施-10	标高 8.080m，11.980m 梁配筋图	A2
11	结施-11	标高 15.180～27.980m 梁配筋图	A2
12	结施-12	标高-0.020m、4.180m、8.080m 结构平面图	A2
13	结施-13	标高 1.980～27.980m 结构平面图	A2
14	结施-14	坡屋顶结构平面图、屋顶梁配筋图	A2
15	结施-15	1#楼梯详图（一）	A2+1/4
16	结施-16	1#楼梯详图（二）	A2+1/4
17	结施-17	2#楼梯详图	A2+1/4

从图样目录中可以了解到下列资料：

工程名称—××底商住宅楼。

图样专业类别—结构专业。

设计单位—××工程设计有限公司。

建设单位—××建筑公司。

图样编号和名称是为了方便查阅，针对每张图样所表达建筑物的主要内容，给图样起一个名称，再用数字编号，用来确定图样的次序。如这套图样目录所在的图样图名为××封面，图号为"结施-00"，在图样目录编号项的第一行，可以看到图样编号"结施-01"。其中"结"字表示图样种类为结构施工图，"01"表示为结构施工图的第一张；在图名相应的行中，可以看到"结构设计总说明（一）"。也就是图样表达的内容，为结构总说明的第一部分；在图幅号相应的行中，看到"A2"，它表示该张图样是 A2 幅面，图框尺寸为 420mm×594mm。在图样目录编号项的最后一行，可以看到图幅号为"A2+1/4"，它表达的意思是在 A2 幅面的基础上增加 A2 幅面的 1/4 长，图框尺寸为 420mm×594mm+420mm×594mm×1/4。

该套图样共有 18 张，图样封面为图样目录，接下来 3 张为结构设计总说明，结构施工图 14 张。

图样目录的形式由设计单位自己规定，没有统一的格式，但大体如上述内容。

每张图样上都必须画出标题栏。标题栏位于图样的右下角，其具体的格式由绘图单位确定，见表 2-2。

表 2-2 标题栏

××工程设计有限公司	乙级	工程名称		××底商住宅楼	
	×××	项目		底商住宅楼	
审定	××	专业负责人	××	设计号	××
审核	××			图别	结构
项目负责人	××	校对	××	图号	结施-01
		设计	××	日期	××

其中"结构总说明（一）"位于标题栏中部。

表 2-2 为××住宅楼的标题栏。从表中可以了解到下列资料：

当需要找结构总说明的图样时，应首先看图样的标题栏，该标题栏上显示图号"结施-01"，图名"结构总说明（一）"，这与目录上相应的内容相符合，确认这就是所要找的结构总说明图样。"乙级"表示该设计公司的设计水平为乙级。设计号是该设计公司的注册编号，是唯一的。另外，如有需要，工程图样还可以画会签栏。

二、××工程的图样目录实例

某底商住宅楼的结构专业图样目录见表2-3。

表 2-3　某底商住宅楼的结构专业图样目录

序号	图号	图样名称	规格	备注
1	结施-01	结构设计总说明	A1	新图
2	结施-02	桩位平面布置图	A1	新图
3	结施-03	基础底板配筋图	A1	新图
4	结施-04	剪力墙构造详图；一层入口平面图	A1	新图
5	结施-05	标高 -3.630～-0.030m 暗柱平面布置图	A1	新图
6	结施-06	标高 -3.630～-0.030m 剪力墙暗柱表	A1	新图
7	结施-07	标高 -0.030m 处连梁平面图	A1	新图
8	结施-08	标高 -0.030m 处板配筋图	A1	新图
9	结施-09	楼梯平面图、配筋详图	A1	新图
10	结施-10	地下室设备洞口布置图	A1	新图
11	结施-11	标高 -0.030～-50.970m 暗柱平面布置图	A1	新图
12	结施-12	标高 -0.030～-5.970m 剪力墙暗柱表	A1	新图
13	结施-13	标高 -5.970～-50.970m 剪力墙暗柱表	A1	新图
14	结施-14	标高 2.970m，5.970m，8.970m，11.970m……50.970m 处连梁平面图	A1	新图
15	结施-15	标高 2.970m，5.970m，8.970m，11.970m……14.970m，17.970m，44.970m，23.970m 处板配筋图	A1	新图
16	结施-16	标高 26.970m，29.970m，32.970m，35.970m，38.970m，41.970m，44.970m，47.970m 处板配筋图	A1	新图
17	结施-17	标高 50.970m 处板配筋图	A1	新图
18	结施-18	标高 54.000m 结构平面图	A1	新图
19	结施-19	屋顶女儿墙平面布置图	A2	新图
20	结施-20	屋顶造型平面、墙身线角剖面节点、阳台剖面节点详图	A2	新图

　　结构施工图排在建筑施工图之后，看过建筑施工图，脑海中形成建筑物的立体空间模型后，看结构施工图的时候，能更好地理解其结构体系。结构施工图是根据结构设计的结果绘制而成的图样。它是构件制作、安装和指导施工的重要依据。除了建筑

施工图外，结构施工图是一整套施工图中的第二部分，它主要表达的是建筑物的承重构件（如基础、承重墙、柱、梁、板、屋架、屋面板等）的布置、形状、尺寸大小、数量、材料、构造及其相互关系。

在结构施工图中一般包括结构设计总说明，基础平面图和基础详图，结构平面图，梁、柱配筋图，楼梯配筋图。施工图样的编排顺序一般是全局性图样在前，局部的图样在后；重要的在前，次要的在后；先施工的在前，后施工的在后。

当拿到一套结施图后，首先看到的第一张图便是图样目录。图样目录可以帮助了解图样的专业类别、总张数、每张图样的图名、工程名称、建设单位和设计单位等内容。

第二节   结构设计总说明的识读

一、某剪力墙结构的设计总说明实例

1. 工程概况

本工程共 3 层，半地下 1 层，地上 2 层，采用短肢剪力墙结构，抗震等级为二级，剪力墙底部加强区域为基础顶至首层顶。

±0.000 标高相当于绝对标高，详见建筑图。

2. 设计依据

依据《建筑结构可靠性设计统一标准》（GB 50068—2018），本工程建筑结构安全等级为二级。结构设计使用年限为 50 年。未经技术鉴定或设计许可，不得改变结构的用途和使用环境。

（1）自然条件

1）风荷载。基本风压为 $0.45kN/m^2$，地面粗糙度为 B 类。

2）雪荷载。基本雪压为 $0.40kN/m^2$。

3）场地工程地质条件。根据勘察设计研究院提供的《××××住宅项目工程岩土工程勘察报告（详勘）》，可知建筑场地类别为三类。

4）本工程地下水埋藏较深，可不考虑地下水对混凝土和混凝土中钢筋的腐蚀性。

5）本工程抗震设防类别为丙类，抗震设防烈度为 8 度，设计地震加速度为 $0.20g$，设计地震分组为第一组。

6）标准冻深为 0.80m。

（2）结构设计遵循的主要规范

1）《建筑结构荷载规范》（GB 50009—2012）。

2）《混凝土结构设计规范》（GB 50010—2010）（2015 年版）。

3）《建筑抗震设计规范》（GB 50011—2010）（2016 年版）。

4)《建筑地基基础设计规范》（GB 50007—2011）。

5)《建筑地基处理技术规范》（JGJ 79—2012）。

6)《地下工程防水技术规范》（GB 50108—2008）。

（3）本工程活荷载标准值（除特殊者外）

1）户内：2.0kN/m²。

2）露台、阳台：2.5kN/m²。

3）坡屋面：0.5kN/m²。

4）卫生间（设浴缸）：2.0（4.0）kN/m²。

3. 地基及基础

1）根据勘察设计研究院提供的《××××住宅项目工程岩土工程勘察报告（详勘）》，基础持力层为新近沉积的粉质黏土层，综合承载力标准值为90kPa。

2）基础的形式选为筏板基础，基础设计等级为丙级。

3）基础开挖后应普通钎探并通知勘察和设计部门进行基槽检验，合格后方可进行基础施工。

4. 主要材料

1）钢筋：钢筋采用HPB300（Φ）、HRB400（Φ）。

2）框架结果纵向受力钢筋的抗拉强度实测值与屈服强度的比值不应小于1.25，且钢筋的屈服强度实测值与强度标准值的比值不应大于1.3，钢筋在最大拉力下的总伸长率实测值不应小于9%。

3）预埋件的锚筋及吊环不得采用冷加工钢筋。

4）钢板采用Q235B。

5）焊条。HPB300钢筋之间焊接采用E43系列。

6）地上隔墙采用陶粒空心砌块，强度要求见建筑图，重度应小于10kN/m³。

地下与土接触的填充墙、室外平台外墙：MU10页岩砖。

地上：M5混合砂浆。

地下：M7.5水泥砂浆。

7）混凝土（除特殊说明之外的）。

垫层：	C15
±0.000以下部分：	C30（基础底板及地下室外墙抗渗等级为S6）
其他：	C25

5. 混凝土环境类别及耐久性要求

环境类别：地上一般构件为一类，地上露天构件为二类，地下为二类b。

钢筋混凝土耐久性基本要求：

1）一类：最大水灰比为0.65，最少水泥用量为225kg/mm³，最大氯离子含量为1.0%。

2）二类a：最大水灰比为0.60，最少水泥用量为250kg/mm³，最大氯离子含量为0.3%，最大碱含量为3.0kg/m³。

3）二类b：最大水灰比为0.55，最少水泥用量为275kg/mm³，最大氯离子含量为

0.2%，最大碱含量为 3.0kg/m³。

6. 钢筋混凝土结构构造

（1）总则

1）本工程采用《混凝土结构施工图平面整体表示方法制图规则和构造详图》（22G101）图集，梁、柱及剪力墙的构造分别选用其相应抗震等级的节点。

2）混凝土保护层厚度见表 2-4。

表 2-4 混凝土保护层厚度

环境条件	构件类别	保护层厚度/mm	
地下部分	基础梁、底板	40	不小于受力钢筋直径
	外墙外侧	25	
	外墙内侧	20	
地上部分	墙、楼板、楼梯	15（25）	
	梁	25（30）	
	柱、暗柱	30	

注：括号中的数值用于地上外露构件环境。

3）钢筋接头应优先采用机械连接或焊接，接头质量应符合国家现行标准《混凝土结构工程施工质量验收规范》（GB 50204—2015）的要求。当受力钢筋直径为 16mm 时，必须采用机械连接或焊接。

4）受力钢筋的接头位置应相互错开，要求详见 22G101 图集。

5）纵向钢筋最小锚固及搭接长度要求详见 22G101 图集。

6）设备留洞须密切配合专业图样，不得后凿，如有疑问应与设计单位联系。

（2）楼板、屋面板的构造要求

1）双向板（或异形板）钢筋的放置，短向钢筋置于外层，长向钢筋置于内层，现浇板施工时，应采取措施保证钢筋位置。

2）当钢筋长度不够时，楼板、梁及屋面板、梁上部筋应在跨中搭接，梁板下部钢筋应在支座处搭接，筏板基础梁、板下部筋应在跨中搭接，上部钢筋应在支座处搭接。

3）板内钢筋如遇洞口：当洞宽或洞直径小于 300mm 时，钢筋绕过洞口，不需截断；当 300mm<洞宽或洞直径<800mm 时，钢筋于洞口边可截断并弯曲锚固（距洞边距离小于 120mm 的钢筋不应切断，绕过洞边拐入板内），于洞边增设加强筋。

4）管道井内钢筋在预留洞口处不得切断，待管道安装后楼板用 C25 的混凝土逐层封堵。

5）板内纵筋锚入梁内及混凝土墙内长度要求如图 2-1 所示。

6）板、梁上下应注意预留构造柱插筋或连接用的埋件。

7）异形柱阳角处按图 2-2 要求附加板面钢筋并锚入支座 l_a。

8）大跨度梁板按施工规范要求在支模板时起拱。

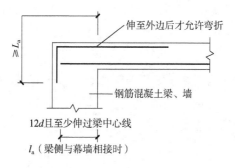

图 2-1　板内纵筋锚入梁内及混凝土墙内长度要求

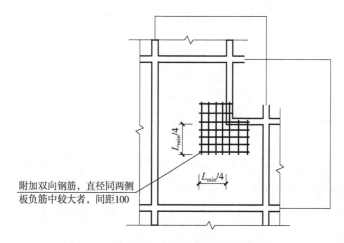

图 2-2　异形柱阳角处附加板面钢筋要求

9）楼板施工时应注意养护，防止开裂，对于边长大于 6m 的板块，板面无配筋的部分应配Φ6@250 双向与板受力筋搭接 300mm 或锚入支座。

10）坡屋面折板做法如图 2-3 所示。

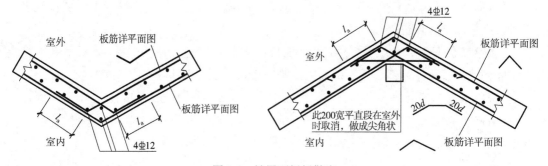

图 2-3　坡屋面折板做法

11）屋面挑檐转角处做法如图 2-4、图 2-5 所示。

（3）梁、柱的构造要求

1）梁纵筋水平锚固长度不满足规范要求时，钢筋做法参照 22G101 图集。

2）次梁底面低于主梁时的构造如图 2-6 所示。

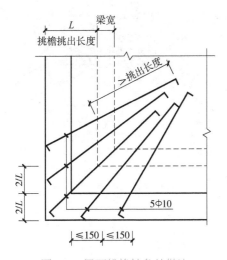

图 2-4　屋面挑檐转角处做法

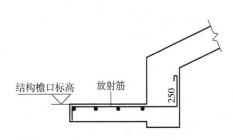

图 2-5　屋面挑檐转角处放射筋做法示意

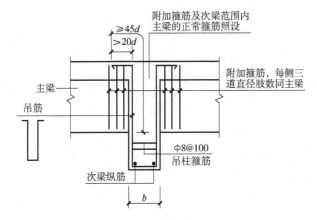

图 2-6　次梁底面低于主梁时的构造

3）板与梁交接处不闭合做法如图 2-7 所示。

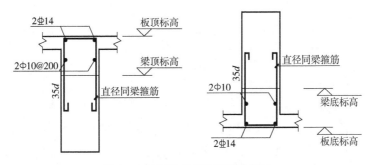

图 2-7　板与梁交接处不闭合做法

4）主次梁相交处应在主梁上此两处的两侧设附加箍筋，每侧三根，直径及肢数同主梁箍筋，附加吊筋主次梁交接处，附加箍筋、吊筋做法具体见 22G101 图集。

5）坡屋面折梁做法如图 2-8 所示。

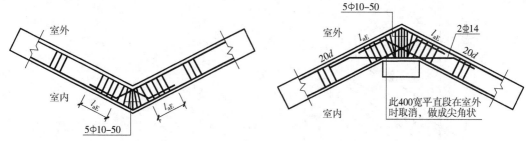

图 2-8　坡屋面折梁做法

6）屋面板檐口梁梁顶标高示意如图 2-9 所示。

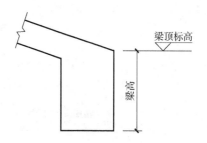

图 2-9　屋面板檐口梁梁顶标高示意

7）剪力墙连梁高度大于 700mm 或跨高比小于 2.5 时，腰筋均用 Φ10@200。

7. 隔墙与混凝土墙、柱的连接及圈梁、过梁、构造柱的要求

1）砌体结构施工控制等级不应低于 B 级。

2）填充墙及隔墙的抗震构造要求及做法见 20G329-1 图集。

3）空心砌块填充墙及隔墙的要求及做法见 22J102-2 图集、14G614 图集，其中，填充墙及隔墙在拐角及纵横墙连接部位均应设置构造柱或芯柱。当墙长超过层高 1.5 倍时，墙内构造柱或芯柱间距不得大于 3m。

4）门窗过梁。墙砌体上门窗洞口应设置钢筋混凝土过梁。当洞口上方有承重梁通过，且该梁底标高与门窗洞顶距离过近，放不下过梁或洞顶为弧形时，可直接在梁下挂板，具体做法如图 2-10 所示。

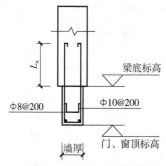

图 2-10　门窗过梁做法

（当梁底标高与门窗洞顶距离过近时）

5）填充墙及隔墙相关做法见 88J2-2 图集。

1）从工程概况可以了解到本工程是一个3层短肢剪力墙结构的工程，了解到抗震等级为二级以及底部加强区的位置。对结构形式、结构体量等有一个直观的认识。

2）设计依据是设计人员在进行结构设计计算时，选取的一些参数指标，是进行结构设计的具体依据。施工人员对此也应该有所了解，如发现有些自然条件与图样不符，应及时与设计人员沟通。

3）地基勘察报告是结构设计人员进行基础形式设计的依据，也是地基验槽时的依据。看地基勘察报告主要看以下几点：第一，直接看结语和建议中的持力层土质、地基承载力特征值和地基类型以及基础建议砌筑标高；第二，结合钻探点看懂地质剖面图，并进一步确定基础埋深；第三，重点看结语中存在饱和砂土及饱和粉土的地基，是否有液化判别；第四，重点看两个水位及历年来地下水的最高水位和抗浮水位；第五，特别扫读一下结语或建议中定性的警示语句，并且必要时把它加到基础说明中；第六，特别扫读一下结语中场地类别、覆土厚度。

4）钢筋混凝土结构体系的基本材料是钢筋和混凝土，这几条是对材料在指标上的具体要求。施工单位在材料用料时，判断材料是否合格，上述指标是检验的标准之一，也是结构设计人员在结构验收时验收材料参考的具体数值。

5）环境类别直接关系到梁、板、柱等构件的保护层问题，保护层的厚度与环境类别有关。混凝土耐久性基本要求是对采用商品混凝土提出的具体的技术指标要求，商品混凝土必须满足这些指标的要求，才能用于施工。

6）在钢筋混凝土构件中，为防止钢筋锈蚀，并保证钢筋和混凝土牢固粘结在一起，钢筋外面必须有足够的钢筋保护层，其作用有：①维持受力钢筋及混凝土之间的握裹力；②保护钢筋免遭锈蚀。

二、某框架结构设计总说明实例

1. 工程概况及结构设计控制参数

1）本建筑物为现浇钢筋混凝土框架结构，地上3层。

2）本建筑物结构使用年限50年，安全等级为二级，抗震设防烈度为8度（设计地震分组为第一组，设计地震基本加速度0.2g），场地类别为乙类，建筑抗震设防类别为乙类，抗震等级为一级，地基基础设计等级为三级。

3）未经技术鉴定或设计许可，不得改变结构的用途和使用环境。

4）±0.000相当于绝对标高为42.750m，场地标准冻深0.8m。

5）根据地质勘查报告，抗浮设计水位标高为32.330m。本工程基础底板在抗浮水位以上，不考虑抗浮。

6）本设计图中，除标高单位为米（m）外，其余均以毫米（mm）为单位。

7）本说明为总体设计说明，设计图另有要求的，按图样要求执行。

2. 设计依据

1）《建筑结构可靠性设计统一标准》（GB 50068—2018）。

2）《建筑结构荷载规范》（GB 50009—2012）。

3）《北京地区建筑地基基础勘察设计规范》（DB J11—501—2009）。

4）《建筑地基基础设计规范》（GB 50007—2011）。

5）《建筑抗震设计标准》（GB 50011—2010）（2024 年版）。

6）《混凝土结构设计标准》（GB 50010—2010）（2024 年版）。

7）《地下工程防水技术规范》（GB 50108—2008）。

8）《建筑工程抗震设防分类标准》（GB 50223—2008）。

3. 设计荷载

1）基本风压：0.45kN/m²。

2）基本雪压：0.40kN/m²。

3）办公室：2.0kN/m²。

4）诊断室：2.0kN/m²。

5）卫生间：2.0kN/m²。

6）阳台及平台：3.5kN/m²。

7）楼梯：3.5kN/m²。

8）不上人屋面：0.5kN/m²。

9）上人屋面：2.0kN/m²。

注：使用过程中严禁超载；楼、地面使用荷载及施工堆载不得超过上述限值。

4. 地基基础

1）根据勘察设计院提供的本建筑物岩土工程勘察报告，本建筑物场地工程地质条件为：

本建筑物场地地基土主要由新近沉积和一般第四纪沉积土组成，自上而下分别为：

②₁ 砂质粉土：$f_{ak}=140kPa$，$E_s=12MPa$。

② 粉砂：$f_{ak}=140kPa$，$E_s=18MPa$。

③₁ 粉质黏土：$f_{ak}=150kPa$，$E_s=7MPa$。

③ 黏质粉土：$f_{ak}=160kPa$，$E_s=9MPa$。

③₂ 粉质黏土：$f_{ak}=140kPa$，$E_s=6MPa$。

④ 细砂：$f_{ak}=200kPa$，$E_s=25MPa$。

本建筑物基础持力层为②粉砂层，地基承载力特征值为：$f_{ak}=140kPa$。

2）基坑开挖采用机械开挖时，挖至基底设计标高以上300mm时即应停止，由人工挖掘整平。基础施工后，应及时回填土，回填土应分层回填压实。

3）基坑开槽后应会同各有关单位验槽，确认地基实际情况与设计取值相符后方可继续施工。

4）基础采用柱下独立基础。

5. 主要材料

1）本工程地面以下及地上外露构件环境类别为二类，地面以上（外露构件除外）环境类别为一类，混凝土耐久性应满足相应规范要求。

2）混凝土强度等级见表 2-5。

表 2-5　混凝土强度等级

楼层 构建	地上各层 强度等级	备注
框架柱	C30	
框架梁	C30	
楼梯及其他	C30	
基础及基础梁	C30	
垫层	C10	

3）钢筋：钢筋采用 HPB300（Φ）、HRB400（Φ）。

钢筋抗拉强度设计值为：HPB300—270N/mm²；HRB400—360N/mm²。

钢筋抗压强度设计值为：HPB300—270N/mm²；HRB400—360N/mm²。

框架结构中纵向受力钢筋的选用，除符合以上两条外，其检验所得强度实测值尚应符合下列要求：钢筋的抗拉强度实测值与屈服强度实测值的比值不应小于 1.25；钢筋的屈服强度实测值与钢筋的强度标准值的比值不应大于 1.3；且钢筋在最大拉力下的总伸长率实测值不应小于 9%。

钢筋的检验方法应符合国家现行标准《混凝土结构工程施工质量验收规范》（GB 50204—2015）的规定。

吊钩均采用 HPB300（Φ）钢筋，且严禁使用冷加工钢筋。

焊条：HPB300 钢筋之间焊接采用 E43 系列，HRB400 钢筋之间焊接采用 E50 系列，钢板与钢筋之间焊接采用 E43 系列，型钢与钢筋之间焊接采用 E50 系列。

6. 钢筋混凝土构造

各部件做法详图如图 2-11 所示。

1）钢筋混凝土保护层厚度见表 2-6。

表 2-6　钢筋混凝土保护层厚度　　　　（单位：mm）

名称	厚度
基础下部钢筋	40
基础梁钢筋	35
框架柱	地面以下 35；地面以上 30
框架梁及楼、屋面梁	地面以下 35；地面以上 25
楼板及楼梯板钢筋	15
雨篷挑板上部钢筋	25

注：以上钢筋的混凝土保护层厚度同时应不小于该受力钢筋的公称直径。

2）钢筋锚固及连接。本工程中，钢筋直径大于 20mm 的钢筋应采用机械连接或焊接。钢筋直径 20mm 时除注明者外可采用搭接，钢筋锚固及搭接长度见 22G101-1 图集。

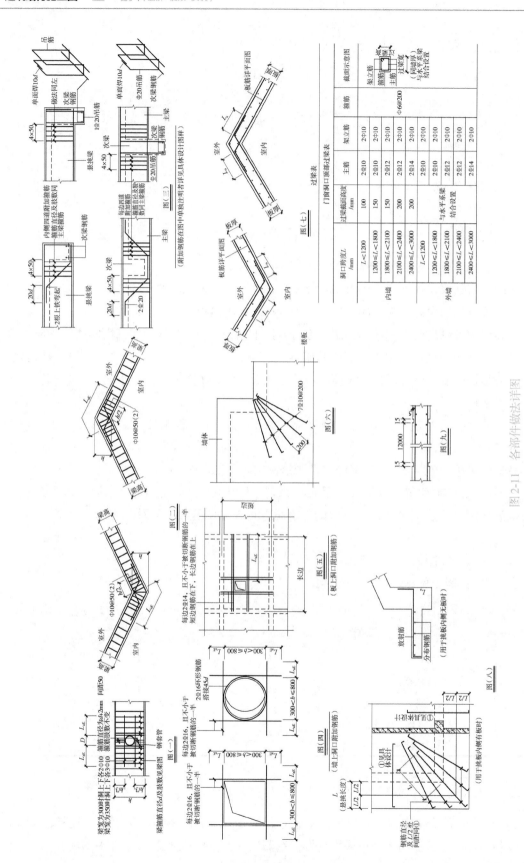

门窗洞口顶部过梁表

洞口跨度 L	过梁截面高度 /mm	主筋	架立筋	箍筋
内墙	L<1200		2Φ10	2Φ10	Φ6@200
	1200≤L<1800	100	2Φ10	2Φ10	
	1800≤L<2100	150	2Φ12	2Φ10	
	2100≤L<2400	150	2Φ12	2Φ10	
	2400≤L<3000	200	2Φ14	2Φ10	
外墙	L<1200	200	与水平系梁结合设置	2Φ10	2Φ10	
	1200≤L<1800		2Φ10	2Φ10	
	1800≤L<2100		2Φ12	2Φ10	
	2100≤L<2400		2Φ12	2Φ10	
	2400≤L<3000		2Φ14	2Φ10	

图 2-11 各部件做法详图

3) 柱下独立基础。有关独立基础的构造要求，除图中注明者外，其余均见 22G101-3 图集。

4) 框架梁、柱。框架梁、柱的构造要求除图中注明者外，均见 22G101-1 图集。

梁腹板预留孔洞时的加强做法如图 2-11（一）所示。

屋面折梁在转折处的做法如图 2-11（二）所示。

楼、屋面次梁与主梁连接处，除具体设计注明者外，其附加钢筋如图 2-11（三）所示。

5) 现浇楼板。

①现浇楼板内钢筋搭接时，连接区段长度为 1.3 倍搭接长度；采用焊接连接或机械连接时，连接区段为 35d。板内钢筋连接时，下层钢筋连接在支座，上层钢筋连接在跨中，同一连接区段内钢筋接头数量不得超过该区段受拉钢筋总数的 25%，且相邻接头距离错开不得小于相应连接区段长度。

②板内分布钢筋除图中注明者外均按表 2-7 选用。

表 2-7 板内分布钢筋选用

板厚 h/mm	$h \leq 90$	$90 < h \leq 170$	$170 < h \leq 220$	$220 < h \leq 260$
分布钢筋	⊕6@200	⊕8@200	⊕8@150	⊕10@200

③墙及楼板上的预留洞及预埋管件除图中注明者外，其余均应配合各专业图样预留或预埋，不得后剔凿。预留洞口边长或直径≤300mm 时，板或墙内钢筋不得切断，可绕过洞口。预留洞口边长或直径 300mm<b≤800mm 时，应按图 2-11（四）、（五）及具体图样中的做法在洞边附加钢筋。

④管道井内局部楼板混凝土可后浇（钢筋不断），待管道安装完毕后，所有洞口均应用与本层同强度混凝土将洞口填实。

⑤墙体阳角处的各层楼板（即墙体凸入楼板内的地方），应设置放射状筋，如图 2-11（六）所示。

⑥屋面折板在转折处的做法如图 2-11（七）所示。

⑦屋面挑檐板转角处的上部受力钢筋做法如图 2-11（八）所示。

7. 隔墙、填充墙

1) 砌体结构施工质量控制等级不应低于 B 级。

2) 建筑隔墙或填充墙所用砌块为大孔轻集料砌块，其重度应不大于 10kN/m³。

3) 后砌隔墙或填充墙做法见图集《大孔轻集料砌块填充墙》（88JZ18）及《建筑物抗震构造详图》（20G329-1）。

4) 钢筋混凝土构造柱、芯柱应先砌墙后浇筑，构造柱、芯柱、水平系梁及过梁的混凝土强度等级不应低于 C20。

5) 隔墙或填充墙洞口上部设置过梁的做法见《大孔轻集料砌块填充墙》（88JZ18）图集，内外墙过梁配筋见过梁表。

①内隔墙或内填充墙洞口上部过梁与现浇的水平系梁结合设置。

②外填充墙洞口上部如需设置过梁可与通长的水平系梁结合设置。

8. 其他

1） 楼梯所需预埋件均详见建筑图。

2） 本建筑物防雷做法配合电气图样施工。

3） 设备基础应待设备订货并与相关设计图样核对无误后方可施工。未定设备的基础做法应待设备确定后另行补充设计图样。

4） 现浇钢筋混凝土挑檐或女儿墙每隔12m设置温度缝，做法如图2-11（九）所示。

1） 通过工程概况，可以了解建筑物层数、结构使用年限、安全等级、场地冻土深度及±0.000绝对标高等。看图时，首先应了解这些内容。

2） 表2-7是楼板分布钢筋的表格，分布钢筋的直径及间距与楼板厚度一一对应。看图时，不同的板厚根据此表找相应的钢筋即可。

3） 建筑隔墙及填充墙均属于二次结构范畴。重点应看设计人员选用的图集标准，很多构造做法，设计人员在图样中是不注明的，需要查图集才能明白。填充墙不属于结构受力构件，只承担自重及自身的稳定性。墙体中需要设置构造柱及拉结筋等构造措施。

第三章

钢筋混凝土结构施工图的识读

识读图样的过程中应遵循结构施工图的逻辑关系，并以此为思路进行系统地识读，如图 3-1 所示。

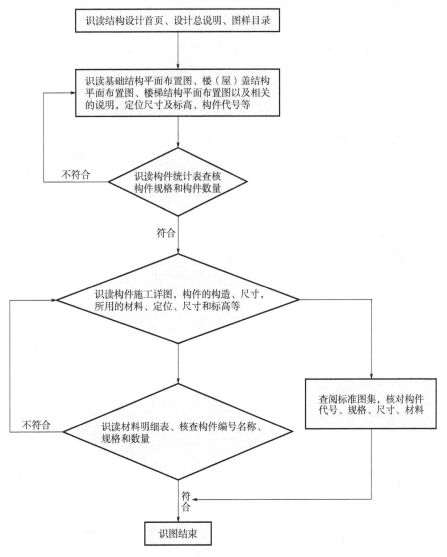

图 3-1　施工图识读流程框图

第一节　钢筋混凝土结构施工图的内容

一、结构设计总说明的内容

1）工程结构设计的主要依据。

2）设计±0.000标高所对应的黄海高程系绝对标高值。

3）建筑结构的安全等级和设计使用年限，混凝土结构的耐久性要求和砌体结构施工质量控制等级。

4）建筑场地类别、地基的液化等级、建筑的抗震设防类别、抗震设防烈度（设计基本地震加速度及设计地震分组）和钢筋混凝土结构的抗震等级。

5）说明基础的形式、采用的材料及其强度，地基基础设计等级。

6）说明主体结构的形式、采用的材料及其设计强度。

7）构造方面的做法及要求。

8）抗震的构造要求。

9）对本工程施工的特殊要求，施工中应注意的事项。

二、桩基础设计说明的内容

1）设计依据、场地±0.000的绝对标高值即绝对高程值。

2）桩的种类、施工方式、单桩承载力特征值 R_a。

3）桩所采用的持力层、桩入土深度的控制方法。

4）桩身采用的混凝土强度等级、钢筋类别、保护层厚度，如果为人工挖孔灌注桩应对护壁的构造提出具体要求。

5）对试桩提出设计要求，同时提出试桩数量。

6）其他在施工中应注意的事项。

三、承台平面布置图的内容

承台平面布置图主要内容包括：

1）图名、比例：承台平面布置图的比例最好与建筑平面图一致。

2）定位轴线及其编号、尺寸间距。

3）承台的定位及编号、承台连系梁的布置及编号。

4）承台说明。

四、承台详图的内容

1）图名、比例：常采用1∶20、1∶50等比例。

2）承台或承台梁剖面形式、详细几何尺寸、配筋情况。

3）垫层的材料、强度等级和厚度。

五、结构平面布置图的内容

1）与建筑施工图相同的定位轴线及编号、各定位轴线的距离。

2）墙体、门窗洞口的位置以及在洞口处的过梁或连梁的编号。

3）柱或构造柱的编号、位置、尺寸和配筋。

4）钢筋混凝土梁的编号、位置以及现浇钢筋混凝土梁的尺寸和配筋情况。

5）楼板部分：如果是预制板，则需说明板的型号或编号、数量，铺板的范围和方向；如果是现浇板，则需说明板的范围、板厚，预留孔洞的位置和尺寸。

6）有关的剖切符号、详图索引符号或其他标注符号。

7）设计说明，内容为结构设计总说明中未指明的，或本楼层中需要特殊说明的特殊材料或构造措施等。

六、柱平法施工图主要内容

1）图名和比例。

2）定位轴线及其编号、间距和尺寸。

3）柱的编号、平面布置，应反映柱与定位轴线的关系。

4）每一种编号柱的标高、截面尺寸、纵向受力钢筋和箍筋的配置情况。

5）必要的设计说明。

七、剪力墙平法施工图主要内容

1）图名和比例。

2）定位轴线及其编号、间距和尺寸。

3）剪力墙柱、剪力墙身、剪力墙梁的编号、平面布置。

4）每一种编号剪力墙柱、剪力墙身、剪力墙梁的标高、截面尺寸、钢筋配置情况。

5）必要的设计说明和详图。

八、梁平法施工图主要内容

1）图名和比例。

2）定位轴线及其编号、间距和尺寸。

3）梁的编号、平面布置。

4）每一种编号梁的标高、截面尺寸、钢筋配置情况。

5）必要的设计说明和详图。

九、现浇板施工图主要内容

1) 图名和比例。
2) 定位轴线及其编号、间距和尺寸。
3) 现浇板的厚度、标高及钢筋配置情况。
4) 必要的设计说明和详图。

第二节 钢筋混凝土结构施工图的识读技巧

一、桩平面布置图的识读方法

1) 查看图名、绘图比例。
2) 对照建筑首层平面图校对定位轴线及编号，如有出入及时与设计人员联系解决。
3) 阅读设计说明，明确桩的施工方法、单桩承载力特征值、采用的持力层、桩身入土深度及其控制。
4) 阅读设计说明，明确桩的材料、钢筋、保护层等构造要求。
5) 结合桩详图，分清不同长度桩的数量、桩顶标高、分布位置等。
6) 明确试桩的数量以及为试桩提供反力的锚桩数量、配筋情况（锚桩配筋和桩头构造不同于一般工程桩），以便及时和设计单位共同确定试桩和锚桩桩位。

二、承台平面布置图及详图的识读方法

1) 查看图名、绘图比例。
2) 对照桩平面布置图校对定位轴线及编号，如有出入及时与设计人员联系解决。
3) 查看桩平面布置图，确定承台的形式、数量和编号，将其在平面布置图中的位置一一对应。
4) 阅读说明并参照承台详图及承台表，明确各个承台的剖面形式、尺寸、标高、材料、配筋等。
5) 明确剪力墙或柱的尺寸、位置以及承台的相对位置关系，查阅剪力墙或柱详图确认剪力墙或柱在承台中的插筋。
6) 明确垫层的材料、强度等级和厚度。

三、柱平法施工图的识读方法

1) 查看图名、绘图比例。
2) 校核轴线编号及间距尺寸，必须与建筑平面图、基础平面图保持一致。
3) 与建筑图配合，明确各柱的编号、数量及位置。

4）阅读结构设计总说明或有关分页专项说明，明确标高范围柱混凝土的强度等级。

5）根据各柱的编号，查对图中截面或柱表，明确柱的标高、截面尺寸和配筋，再根据抗震等级、标准构造要求确定纵向钢筋和箍筋的构造要求（包括纵向钢筋连接的方式、位置、锚固搭接长度、弯折要求、柱头节点要求；箍筋加密区长度范围等）。

四、剪力墙平法施工图的识读方法

1）查看图名、绘图比例。

2）校核轴线编号及间距尺寸，必须与建筑平面图、基础平面图保持一致。

3）与建筑图配合，明确各剪力墙边缘构件的编号、数量及位置，墙身的编号、尺寸、洞口位置。

4）阅读结构设计总说明或有关分页专项说明，明确各标高范围剪力墙混凝土的强度等级。

5）根据各剪力墙身的编号，查对图中截面或墙身表，明确剪力墙的标高、截面尺寸和配筋。再根据抗震等级、标准构造要求确定水平分布钢筋、竖向分布钢筋和拉筋的构造要求（包括水平分布钢筋、竖向分布钢筋连接的方式、位置、锚固搭接长度、弯折要求）。

6）根据各剪力墙柱的编号，查对图中截面或墙柱表，明确剪力墙柱的标高、截面尺寸和配筋。再根据抗震等级、标准构造要求确定纵向钢筋和箍筋的构造要求（包括纵向钢筋连接的方式、位置、锚固搭接长度、弯折要求、柱头节点要求；箍筋加密区长度范围等）。

7）根据各剪力墙梁的编号，查对图中截面或墙梁表，明确剪力墙梁的标高、截面尺寸和配筋。再根据抗震等级、标准构造要求确定纵向钢筋和箍筋的构造要求（包括纵向钢筋锚固搭接长度、箍筋的摆放位置等）。

五、梁平法施工图的识读方法

1）查看图名、绘图比例。

2）校核轴线编号及间距尺寸，必须与建筑平面图、基础平面图、柱平面图保持一致。

3）与建筑图配合，明确各梁的编号、数量及位置。

4）阅读结构设计总说明或有关分页专项说明，明确各标高范围剪力墙混凝土的强度等级。

5）根据各梁的编号，查对图中标注或截面标注，明确梁的标高、截面尺寸和配筋。再根据抗震等级、标准构造要求确定纵向钢筋、箍筋和吊筋的构造要求（包括纵向钢筋锚固搭接长度、切断位置、连接方式、弯折要求；箍筋加密区范围等）。

六、现浇板施工图的识读方法

1）查看图名、绘图比例。

2）校核轴线编号及间距尺寸，必须与建筑平面图、梁平法施工图保持一致。

3）阅读结构设计总说明或有关说明，确定现浇板的混凝土强度等级。

4）明确图中未标注的分布钢筋，有时对于温度较敏感或板厚较厚时还要设置温度钢筋，其与板内受力筋的搭接要求也应该在说明中明确。

第三节　钢筋混凝土结构施工图的实例识读

一、钢筋混凝土结构平法钢筋施工图的实例识读

（一）独立基础平法钢筋施工图的实例识读

1）独立基础底板底部双向配筋示意图如图3-2所示。

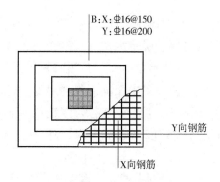

图 3-2　独立基础底板底部双向配筋示意图

2）单杯口独立基础顶部焊接钢筋网示意图如图3-3所示。

3）双杯口独立基础顶部焊接钢筋网示意图如图3-4所示。

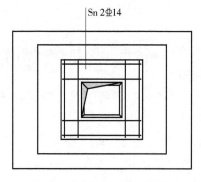

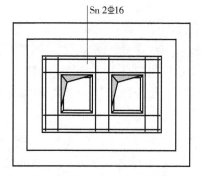

图 3-3　单杯口独立基础顶部　　　　　图 3-4　双杯口独立基础顶部
　　焊接钢筋网示意图　　　　　　　　　　焊接钢筋网示意图

4）高杯口独立基础杯壁配筋示意图如图3-5所示。

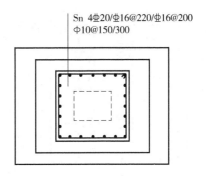

图 3-5　高杯口独立基础杯壁配筋示意图

5）独立基础短柱配筋示意图如图 3-6 所示。

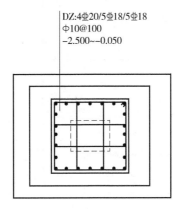

图 3-6　独立基础短柱配筋示意图

1）图 3-2 表示基础底板底部配置 HRB400 级钢筋，X 向直径为 Φ16，分布间距 150mm；Y 向直径为 Φ16，分布间距 200mm。

2）图 3-3 中，单杯口独立基础顶部钢筋网标注为 Sn 2 Φ14 时，表示杯口顶部每边配置 2 根 HRB400 级直径为 Φ14 的焊接钢筋网。

3）图 3-4 中，双杯口独立基础顶部钢筋网标注为 Sn 2 Φ16 时，表示杯口每边和双杯口中间杯壁的顶部均配置 2 根 HRB400 级直径为 Φ16 的焊接钢筋网。

注：高杯口独立基础应配置顶部钢筋网；非高杯口独立基础是否配置，应根据具体工程情况确定。

4）图 3-5 中，表示高杯口独立基础的短柱配置 HRB400 级竖向钢筋和 HPB300 级箍筋。其竖向钢筋为：4 Φ20 角筋、Φ16@ 220 长边中部筋和 Φ16@ 200 短边中部筋。其箍筋直径为 10mm，杯口范围间距 150mm，短柱范围间距 300mm。

5）图 3-6 中，表示独立基础的短柱设置在 $-2.500 \sim -0.050$ 高度范围内，配置 HRB400 级竖向钢筋和 HPB300 级箍筋。其竖向钢筋为：4 Φ20 角筋、5 Φ18x 边中部筋和 5 Φ18y 边中部筋；其箍筋直径为 10mm，间距 100mm。

6）采用平面注写方式表达的独立基础设计施工示意图如图 3-7 所示。

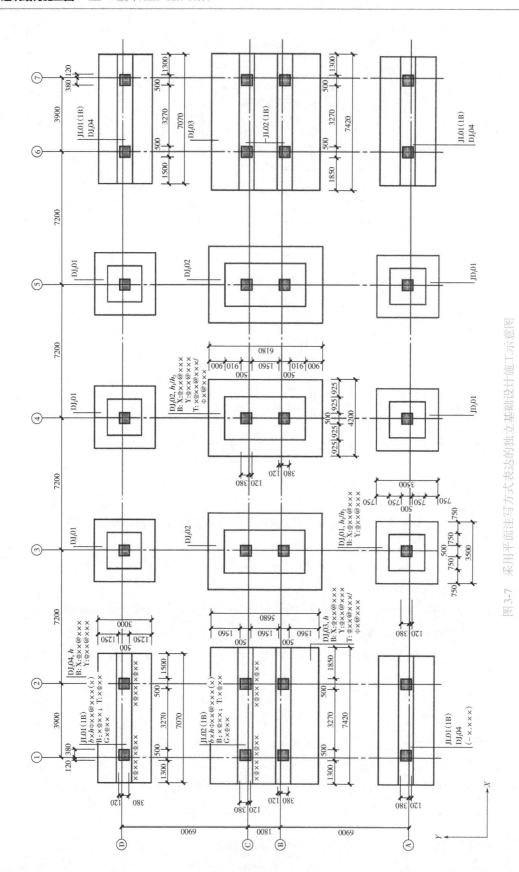

图3-7 采用平面注写方式表达的独立基础设计施工示意图

1）X、Y 为图面方向。

2）±0.000 的绝对标高（m）；×××.×××；基础底面基准标高（m）：−×.×××。

（二）条形基础平法钢筋施工图的实例识读

1）条形基础底板顶部配筋示意图如图 3-8 所示。

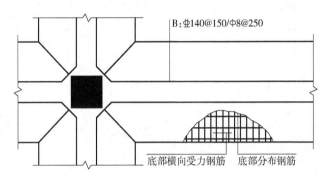

图 3-8　条形基础底板顶部配筋示意图

2）双梁条形基础底板顶部配筋示意图如图 3-9 所示。

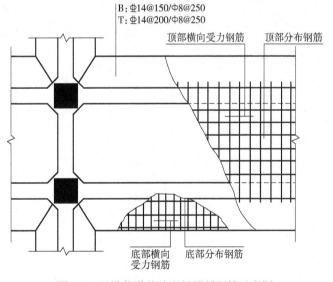

图 3-9　双梁条形基础底板顶部配筋示意图

1）图 3-8 中，表示条形基础底板底部配置 HRB400 级横向受力钢筋，直径为 14mm，分布间距为 150mm；配置 HPB300 级构造钢筋，直径为 8mm，分布间距为 250mm。

2）图 3-9 中，当为双梁（或双墙）条形基础底板时，除在底板底部配置钢筋外，一般还需在两根梁或两道墙之间的底板顶部配置钢筋，其中横向受力钢筋的锚固从梁的内边缘（或墙边缘）起算。

3）采用平面注写方式表达的条形基础设计施工示意图如图 3-10 所示。

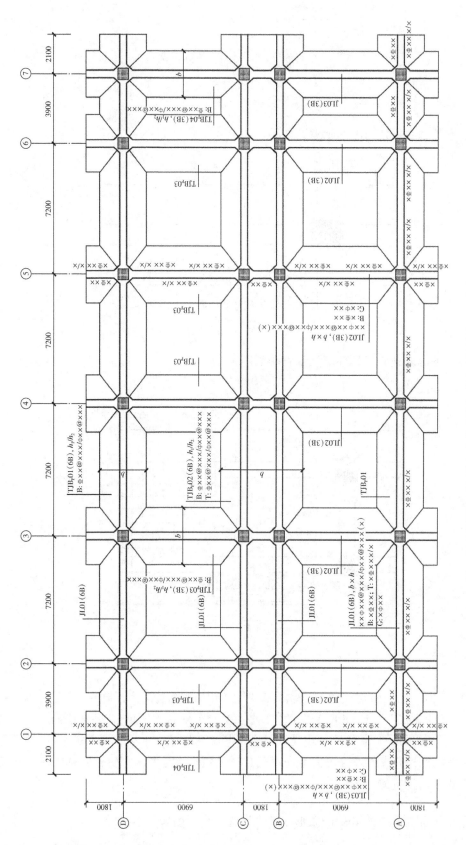

图3-10 采用平面注写方式表达的条形基础设计施工示意图

±0.000 的绝对标高（m）：×××.×××；基础底面基准标高（m）：-×.×××。

（三）筏形基础平法钢筋施工图的实例识读

1. 梁板式筏形基础构造识读

1）端部无外伸构造如图 3-11 所示。

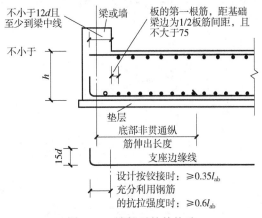

图 3-11　端部无外伸构造

1）基础平板同一层面的交叉纵筋，何向纵筋在下，何向纵筋在上，应按具体设计说明。

2）当梁板式筏形基础平板的变截面形式与本图不同时，其构造应由设计者设计；当要求施工方参照本图构造方式时，应提供相应改动的变更说明。

3）端部等（变）截面外伸构造中，当从基础主梁（墙）内边算起的外伸长度不满足直锚要求时，基础平板下部钢筋应伸至端部后弯折 $15d$，且从梁（墙）内边算起水平段长度应 $\geqslant 0.6l_{ab}$。

4）板底台阶可为 45° 或 60° 角。

2）变截面部位钢筋构造如图 3-12 所示。

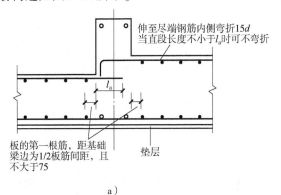

a）

图 3-12　变截面部位钢筋构造

a）板顶有高差

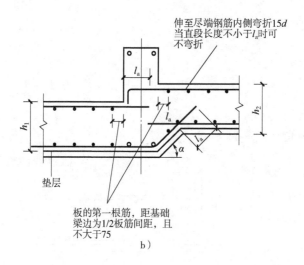

伸至尽端钢筋内侧弯折15d
当直段长度不小于l_a时可
不弯折

板的第一根筋，距基础
梁边为1/2板筋间距，且
不大于75

b）

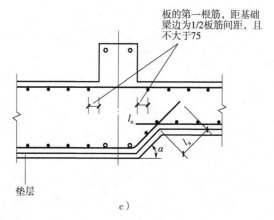

板的第一根筋，距基础
梁边为1/2板筋间距，且
不大于75

c）

图 3-12　变截面部位钢筋构造（续）

b）板顶、板底均有高差　c）板底有高差

1) 基础平板同一层面的交叉纵筋，何向纵筋在下，何向纵筋在上，应按具体设计说明。

2) 当梁板式筏形基础平板的变截面形式与本图不同时，其构造应由设计者设计；当要求施工方参照本图构造方式时，应提供相应改动的变更说明。

3) 端部等（变）截面外伸构造中，当从基础主梁（墙）内边算起的外伸长度不满足直锚要求时，基础平板下部钢筋应伸至端部后弯折15d，且从梁（墙）内边算起水平段长度应≥$0.6l_{ab}$。

4) 板底高差坡度 α 可为 45°或 60°角。

2. 平板式筏型基础构造识读

1) 平板式筏形基础柱下板带 ZXB 纵向钢筋构造如图 3-13 所示。

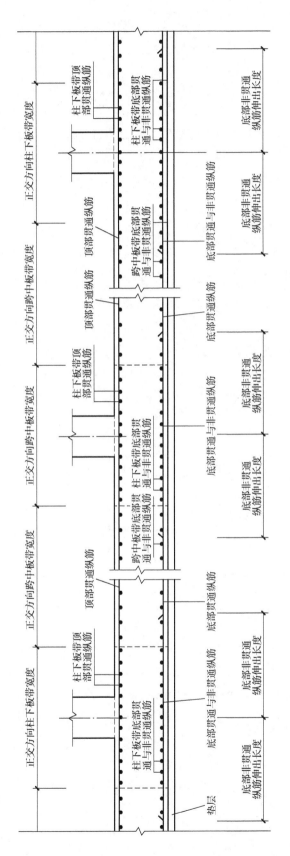

图3-13 平板式筏形基础柱下板带ZXB纵向钢筋构造

1）不同配置的底部贯通纵筋，应在两毗邻跨中配置较小一跨的跨中连接区域连接（即配置较大一跨的底部贯通纵筋需越过其标注的跨数终点或起点伸至毗邻跨的跨中连接区域）。

2）底部与顶部贯通纵筋在本图所示连接区内的连接方式，参见纵筋连接通用构造。

3）柱下板带与跨中板带的底部贯通纵筋，可在跨中1/3净跨长度范围内搭接连接、机械连接或焊接；柱下板带及跨中板带的顶部贯通纵筋，可在柱网轴线附近1/4净跨长度范围内采用搭接连接、机械连接或焊接。

4）基础平板同一层面的交叉纵筋，何向纵筋在下，何向纵筋在上，应按具体设计说明。

5）柱下板带、跨中板带中同一层面的交叉纵筋，何向纵筋在下，何向纵筋在上，应按具体设计说明确定。

知识扩展

平板式筏形基础构件的类型和编号

平板式筏形基础的平面注写方式有两种：一是划分为柱下板带和跨中板带进行表达；二是按基础平板进行表达。平板式筏形基础构件编号按表3-1的规定。

表3-1 平板式筏形基础构件编号

构件类型	代号	序号	跨数及有无外伸
柱下板带	ZXB	××	（××）或（××A）或（××B）
跨中板带	KZB	××	（××）或（××A）或（××B）
平板筏形基础平板	BPB	××	

注：1. （××A）为一端有外伸，（××B）为两端有外伸，外伸不计入跨数。

2. 平板式筏形基础平板，其跨数及是否有外伸分别在 X、Y 两向的贯通纵筋之后表达。图面从左至右为 X 向，从下至上为 Y 向。

2）平板式筏形基础跨中板带 KZB 纵向钢筋构造如图 3-14 所示。

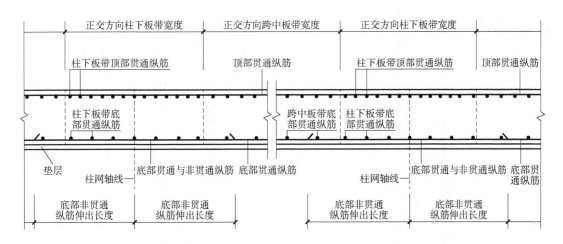

图 3-14　平板式筏形基础跨中板带 KZB 纵向钢筋构造

1）不同配置的底部贯通纵筋，应在两毗邻跨中配置较小一跨的跨中连接区域连接（即配置较大一跨的底部贯通纵筋需越过其标注的跨数终点或起点伸至毗邻跨的跨中连接区域）。

2）底部与顶部贯通纵筋在本图所示连接区内的连接方式，参见纵筋连接通用构造。

3）柱下板带与跨中板带的底部贯通纵筋，可在跨中 1/3 净跨长度范围内搭接连接、机械连接或焊接；柱下板带及跨中板带的顶部贯通纵筋，可在柱网轴线附近 1/4 净跨长度范围内采用搭接连接、机械连接或焊接。

4）基础平板同一层面的交叉纵筋，何向纵筋在下，何向纵筋在上，应按具体设计说明。

5）柱下板带、跨中板带中同一层面的交叉纵筋，何向纵筋在下，何向纵筋在上，应按具体设计说明确定。

3）平板式筏形基础平板 BPB 钢筋构造如图 3-15 所示。

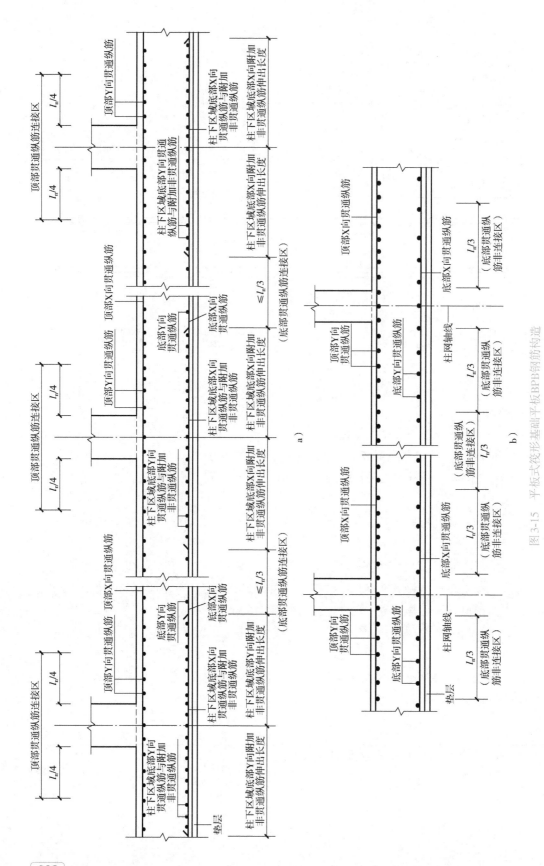

图 3-15 平板式筏形基础平板 BPB 钢筋构造

a）柱下区域 b）跨中区域

注：基础平板同一层面的交叉纵筋，何向纵筋在下，何向纵筋在上，应按具体设计说明。

4）变截面部位中层钢筋构造如图 3-16 所示。

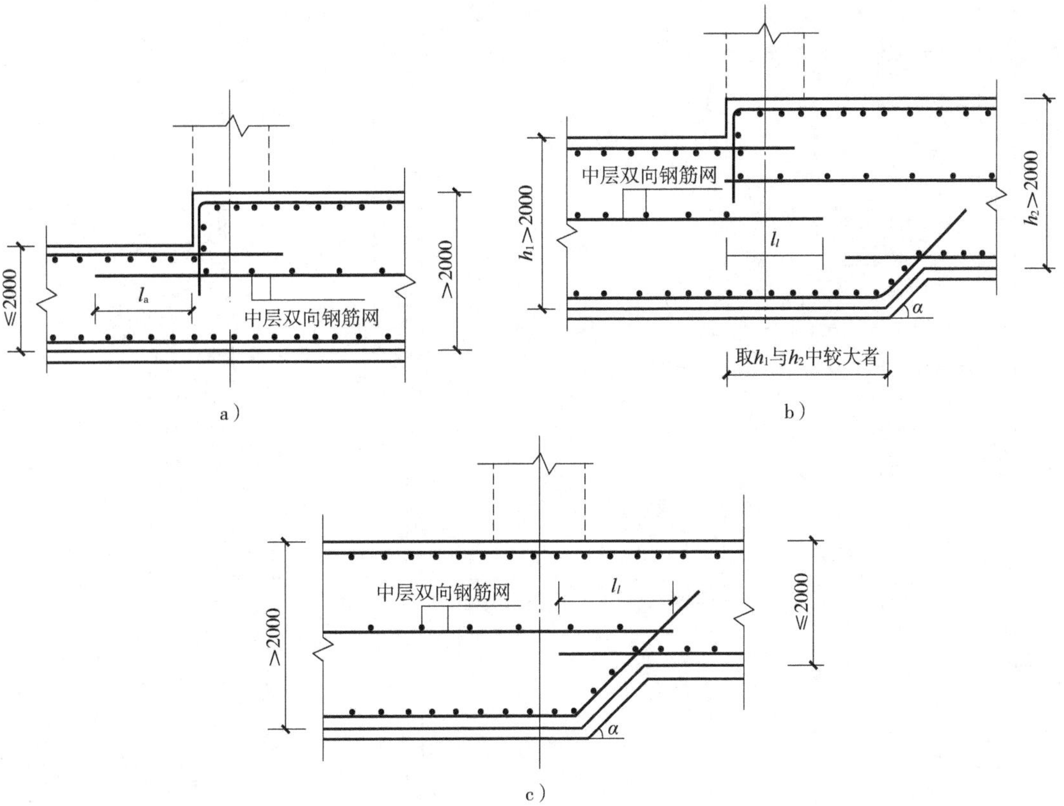

图 3-16 变截面部位中层钢筋构造
a）板顶有高差　b）板顶、板底均有高差　c）板底有高差

1）本图构造规定适用于设置或未设置柱下板带和跨中板带的平板式筏形基础的变截面部位的钢筋构造。

2）当平板式筏形基础平板的变截面形式与本图不同时，其构造应由设计者设计；当要求施工方参照本图构造方式时，应提供相应改动的变更说明。

3）板底高差坡角 α 可为 45° 或 60° 角。

4）中层双向钢筋网直径不宜小于 12mm，间距不宜大于 300mm。

（四）柱构件平法钢筋施工图的实例识读

1）某物业楼框架柱平法施工图如图 3-17 所示。

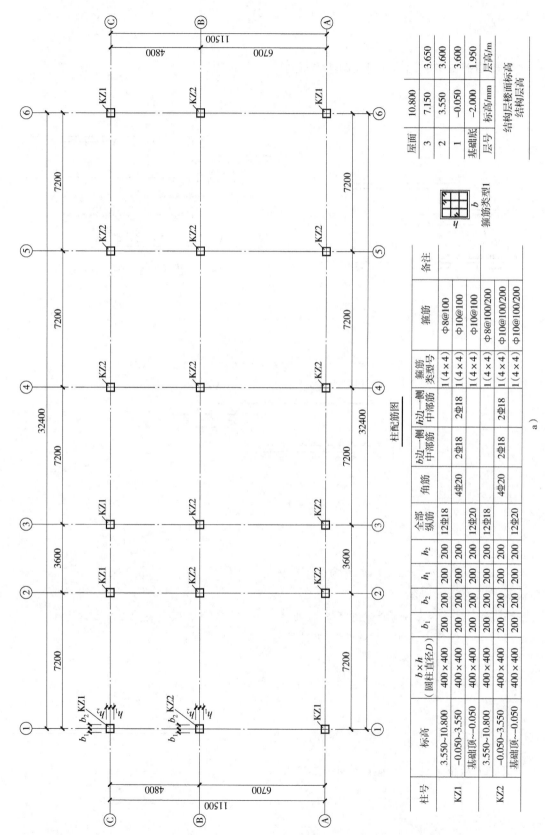

图 3-17 某物业楼框架柱平法施工图

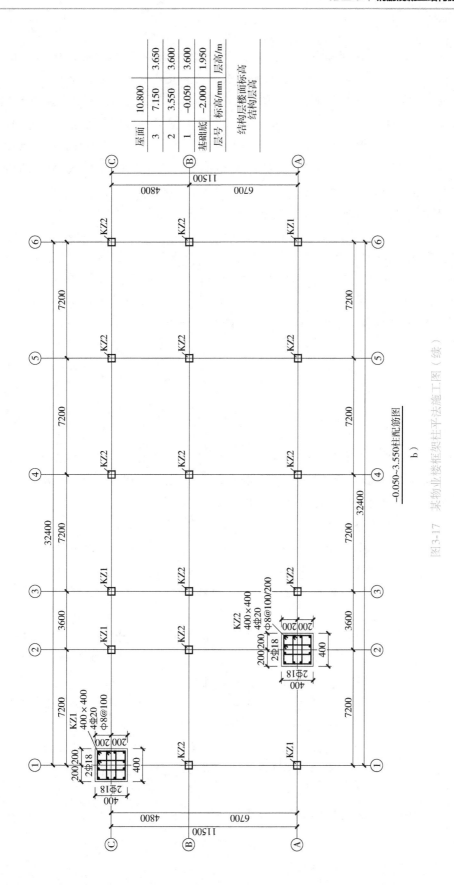

层号	结构层楼面标高 标高/mm	层高/m
屋面	10.800	3.650
3	7.150	3.600
2	3.550	3.600
1	-0.050	1.950
基础底	-2.000	
结构层楼面标高 结构层高		

-0.050~3.550柱配筋图

b)

图3-17 某物业楼框架柱平法施工图（续）

1）如图 3-17a 所示为采用列表方式表示的物业楼框架柱平法施工图。从图中可以看出该物业楼框架柱共有两种：KZ1 和 KZ2，而且 KZ1 和 KZ2 的纵筋相同，仅箍筋不同。它们的纵筋均分为三段，第一段从基础顶到标高-0.050m，纵筋直径均为 12 ⊈ 20；第二段为标高-0.050m 到 3.550m，即第一层的框架柱，纵筋为角筋 4 ⊈ 20，每边中部 2 ⊈ 18；第三段为标高 3.550m 到 10.800m，即二、三层框架柱，纵筋为 12 ⊈ 18。它们的箍筋不同，KZ1 箍筋为：标高 3.550m 以下为 Φ10@ 100，标高 3.550m 以上为 Φ8@ 100。KZ2 箍筋为：标高 3.550m 以下为 Φ10@ 100/200，标高 3.550m 以上为 Φ8@ 100/200。它们的箍筋形式均为类型 1，箍筋肢数为 4×4。

2）如图 3-17b 所示，为采用断面注写方式柱配筋图。该图表示的是从标高 -0.050m 到 3.550m 的框架柱配筋图，即一层的柱配筋图。从图中可以看出该层框架结构共有两种框架柱，即 KZ1 和 KZ2，它们的断面尺寸相同，均为 400mm×400mm，它们与定位轴线的关系均为轴线居中。它们的纵筋相同，角筋均为 4 ⊈ 20，每边中部钢筋均为⊈，KZ1 箍筋为 Φ8@ 100，KZ2 箍筋为 Φ8@ 100/200。

⚙ 知识扩展

柱箍筋

钢筋混凝土受压柱中箍筋的作用：防止纵向钢筋受压时弯曲；保证纵向钢筋的正确位置；与纵向钢筋组成柱整体骨架；对混凝土受压后的侧向膨胀起约束作用；偏心受压柱中剪力较大时还可以起到抗剪作用。柱中箍筋应做成封闭式。

混凝土受压柱内箍筋间距不应大于 400mm，不应大于柱截面的短边尺寸，同时不应大于 15d（d 为纵向钢筋的最小直径，单位为 mm）。混凝土柱内钢筋搭接范围内箍筋间距，当为受拉时不应大于 5d，且不应大于 100mm，当搭接范围内的搭接纵筋受压时，箍筋间距不应大于 10d（d 为纵向搭接钢筋最小直径），而且不应大于 200mm。

箍筋采用热轧钢筋时，箍筋直径不应小于 $d/4$ 且不应小于 6mm；当采用冷拔低碳钢丝时，箍筋直径不应小于 $d/5$，且不应小于 5mm（d 为纵向钢筋的最大直径）。受压柱内纵向钢筋的配筋率超过 3% 时，箍筋直径不宜小于 8mm，箍筋应焊成封闭式，箍筋末端弯曲成 135° 的弯钩。弯钩末端平直段长度不应小于 10 倍箍筋直径，间距不应大于 10 倍纵向钢筋的最小直径且不应大于 200mm。

当柱截面短边大于 400mm，柱截面各边纵向钢筋多于 3 根，或柱截面短边尺寸不大于 400mm，截面一侧纵向钢筋多于 4 根，柱内设置复合箍筋。

2）某住宅楼柱的平法施工图如图 3-18 所示。

层号	标高/m	层高/m
屋面	59.070	—
16	55.470	3.60
15	51.870	3.60
14	48.270	3.60
13	44.670	3.60
12	41.070	3.60
11	37.470	3.60
10	33.870	3.60
9	30.270	3.60
8	26.670	3.60
7	23.070	3.60
6	19.470	3.60
5	15.870	3.60
4	12.270	3.60
3	8.670	3.60
2	4.470	4.20
1	-0.030	4.50
-1	-4.530	4.50
-2	-9.030	4.50

结构层楼面标高
结构层高

柱号	标高/m	$b \times h$（圆柱直径D）/mm	b_1/mm	b_2/mm	h_1/mm	h_2/mm	全部纵筋	角筋	b边一侧中部筋	h边一侧中部筋	箍筋类型号	箍筋	备注
KZ1	-0.030~19.470	750×700	375	375	150	550	24Φ25				1(5×4)	Φ10@100/200	
	19.470~37.470	650×600	325	325	150	450		4Φ22	5Φ22	4Φ20	1(4×4)	Φ10@100/200	
	34.470~59.070	550×500	275	275	150	350		4Φ22	5Φ22	4Φ20	1(4×4)	Φ8@100/200	
XZ1	-0.030~8.670						8Φ25				按22G101图集的标准构造详图	Φ10@200	③×Ⓑ轴KZ1中设置

a）

图3-18 某住宅楼柱的平法施工图

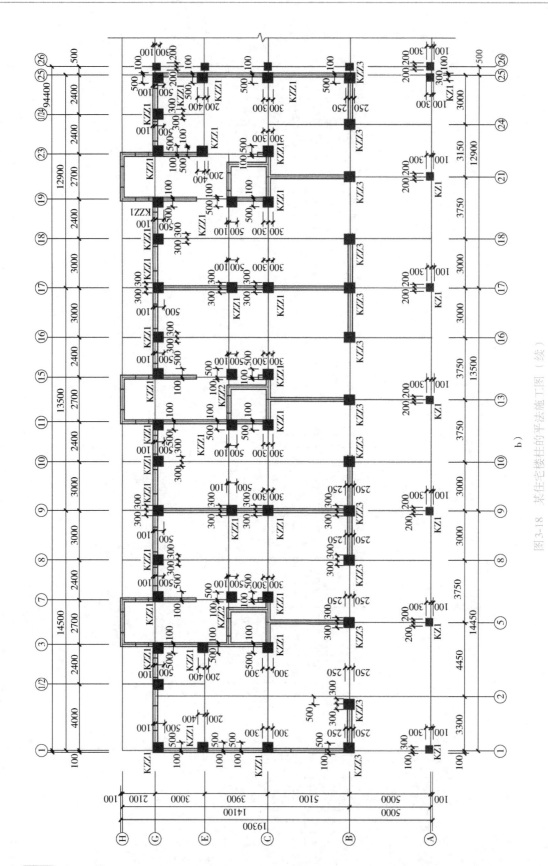

图3-18 某住宅楼柱的平法施工图（续）

b）

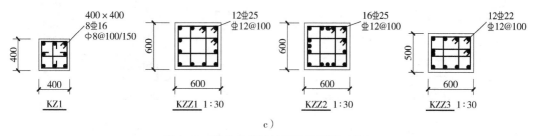

c)

图 3-18 某住宅楼柱的平法施工图（续）

从柱平法施工图中可知，该平法施工图中的柱包含框架柱和框支柱，共有 4 种编号，其中框架柱 1 种，框支柱 3 种。7 根 KZ1，位于Ⓐ轴线上；34 根 KZZ1 分别位于Ⓒ、Ⓔ和Ⓖ轴线上；2 根 KZZ2 位于Ⓓ轴线上；13 根 KZZ3 位于Ⓑ轴线上。

KZ1：框架柱，截面尺寸为 400mm×400mm，纵向受力钢筋为 8 根直径为 16mm 的 HRB400 级钢筋；箍筋直径为 8mm 的 HPB300 级钢筋，加密区间距为 100mm，非加密区间距为 150mm。箍筋加密区长度：基础顶面以上底层柱根加密区长度不小于底层净高的 1/3；其他柱端加密区长度应取柱截面长边尺寸、柱净高的 1/6 和 500mm 中的最大值；刚性地面上、下各 500mm 的高度范围内箍筋加密。

KZZ1：框支柱，截面尺寸为 600mm×600mm，纵向受力钢筋为 12 根直径为 25mm 的 HRB400 级钢筋；箍筋直径为 12mm 的 HRB400 级钢筋，间距 100mm，全长加密。

KZZ2：框支柱，截面尺寸为 600mm×600mm，纵向受力钢筋为 16 根直径为 25mm 的 HRB400 级钢筋；箍筋直径为 12mm 的 HRB400 级钢筋，间距 100mm，全长加密。

KZZ3：框支柱，截面尺寸为 600mm×500mm，纵向受力钢筋为 12 根直径为 22mm 的 HRB400 级钢筋；箍筋直径为 12mm 的 HRB400 级钢筋，间距 100mm，全长加密。

3）某列表注写方式表达的柱平法施工图如图 3-19 所示。

层号	标高/m	层高/m
屋面2	65.670	
塔层2	62.370	3.30
屋面1（塔层1）	59.070	3.30
16	55.470	3.60
15	51.870	3.60
14	48.270	3.60
13	44.670	3.60
12	41.070	3.60
11	37.470	3.60
10	33.870	3.60
9	30.270	3.60
8	26.670	3.60
7	23.070	3.60
6	19.470	3.60
5	15.870	3.60
4	12.270	3.60
3	8.670	3.60
2	4.470	4.20
1	−0.030	4.50
−1	−4.530	4.50
−2	−9.030	4.50

结构层楼面标高
结构层高

图 3-19 某列表注写方式表达的柱平法施工图

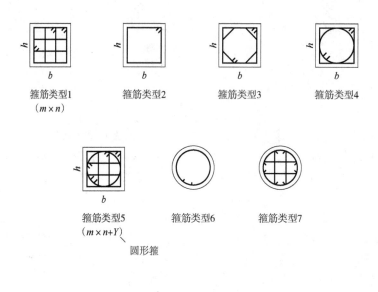

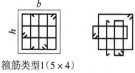

箍筋类型1(5×4)

柱号	标高		b_1	b_2	h_1	h_2	全部纵筋	角筋	b边一侧中部筋	h边一侧中部筋	箍筋类型号	箍筋	备注
KN$_1$	−0.030~59.070	750×700	375	375	150	550	24Φ25				1(5×4)	φ10@100/200	
	19.470~37.470	650×600	325	325	150	450		4Φ22	5Φ22	4Φ20	1(4×4)	φ10@100/200	
	37.470~59.470	550×500	275	275	150	350		4Φ22	5Φ22	4Φ20	1(4×4)	φ10@100/200	

−0.030~59.070柱平法施工图（局部）

图 3-19　某列表注写方式表达的柱平法施工图（续）
m—截面宽度方向　n—截面高度方向　Y—截面直径方向

　　图中所示的列表注写方式，是在柱平面布置图上（一般只需采用适当比例绘制一张柱平面布置图，包括框架柱、框支柱、梁上柱和剪力墙上柱），分别在同一编号的柱中选择一个（有时需选择几个）截面标注几何参数代号；在柱表中注写柱号、柱段起止标高、几何尺寸（含柱截面对轴线的偏心情况）与配筋的具体数值，配以各种柱截面形状及其箍筋类型图的方式，来表达柱平法施工图。

　　在图中共绘制了 7 种箍筋类型图，在图注中绘制了箍筋类型 1（5×4）的具体方式。

4）某截面注写方式表达的柱平法施工图如图 3-20 所示。

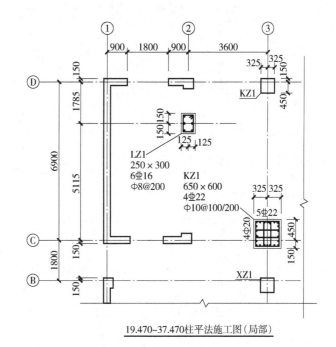

层号	标高/m	层高/m
屋面2	65.670	
塔层2	62.370	3.30
屋面1（塔层1）	59.070	3.30
16	55.470	3.60
15	51.870	3.60
14	48.270	3.60
13	44.670	3.60
12	41.070	3.60
11	37.470	3.60
10	33.870	3.60
9	30.270	3.60
8	26.670	3.60
7	23.070	3.60
6	19.470	3.60
5	15.870	3.60
4	12.270	3.60
3	8.670	3.60
2	4.470	4.20
1	−0.030	4.50
−1	−4.530	4.50
−2	−9.030	4.50

结构层楼面标高
结构层高

19.470~37.470柱平法施工图（局部）

图 3-20　某截面注写方式表达的柱平法施工图

在柱平面布置图上，从相同编号的柱中选择一个截面，按另一种比例原位放大绘制柱截面配筋图。截面注写方式须在各配筋图上注明：柱编号；截面尺寸 $b×h$；角筋或全部纵筋；箍筋的具体数值；标注柱截面与轴线关系 b_1，b_2，h_1，h_2 的具体数值。当纵筋采用两种直径时，须再注写截面各边中部筋的具体数值（对于采用对称配筋的矩形截面柱，可仅在一侧注写中部筋，对称边省略不注）。

图中为采用截面注写方式表达的柱平法施工图，其中，柱 LZ1 截面尺寸为 250mm×300mm，全部纵筋 6 根，均为直径 16mm 的 HRB400 级钢筋，箍筋采用直径 8mm 的 HPB300 级钢筋，间距 200mm。柱 KZ1 截面尺寸为 650mm×600mm，角筋为 4 根直径 22mm 的 HRB400 级钢筋，b 边一侧中部筋为 5 根直径 22mm 的 HRB400 级钢筋，h 边一侧中部筋为 4 根直径 20mm 的 HRB400 级钢筋，b、h 边另一侧中部筋均对称配置，箍筋为直径 10mm 的 HPB300 级钢筋，加密区间距为 100mm，非加密区间距为 200mm。

（五）剪力墙构件平法钢筋施工图的实例识读

某标准层顶梁平法施工图如图 3-21 所示。

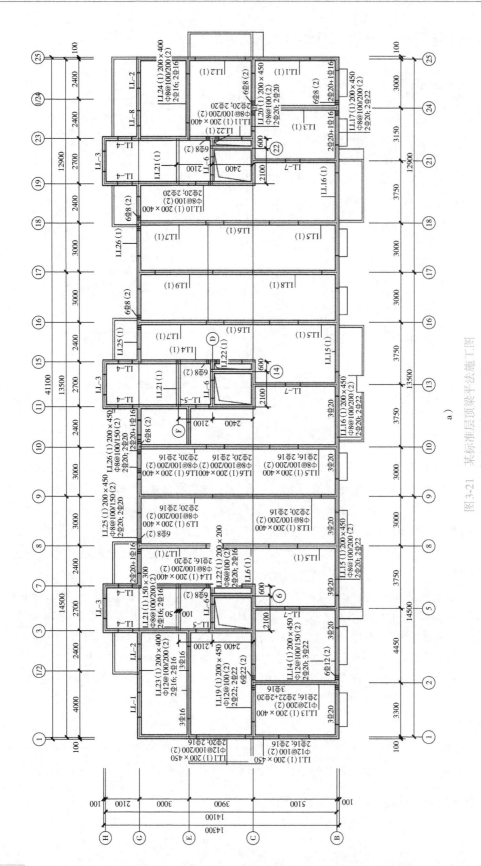

图3-21 某标准层顶梁平法施工图

a）标准层顶梁配筋平面图

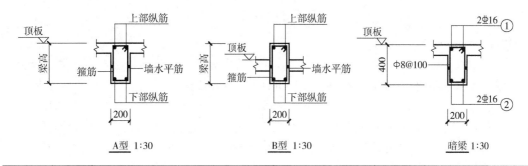

A型 1:30   B型 1:30   暗梁 1:30

梁号	类型	上部纵筋	下部纵筋	梁箍筋	梁宽/mm	梁高/mm	跨度/mm	梁底标高/mm（相对本层顶板结构标高、下沉为正）
LL-1	B	2⌀25	2⌀25	Φ8@100	200	1500	1400	450
LL-2	A	2⌀18	2⌀18	Φ8@100	200	900	450	450
LL-3	B	2⌀25	2⌀25	Φ8@100	200	1200	1300	1800
LL-4	A	4⌀20	4⌀20	Φ8@100	200	800	1800	0
LL-5	A	2⌀18	2⌀18	Φ8@100	200	900	750	750
LL-6	A	2⌀18	2⌀18	Φ8@100	200	1100	580	580
LL-7	A	2⌀18	2⌀18	Φ8@100	200	900	750	750
LL-8	B	2⌀25	2⌀25	Φ8@100	200	900	1800	1350

b）

设计说明：
1. 混凝土强度等级为C30，钢筋采用HPB300（Φ）、HRB400（⌀）。
2. 所有混凝土剪力墙上楼层板顶标高（建筑标高-0.05）处均设暗梁。
3. 未注明墙均为Q1，呈轴线分布。
4. 未注明主次梁相交处的次梁两侧各加设3根间距为50mm、直径同主梁箍筋直径的箍筋。
5. 未注明处梁配筋及墙梁配筋见22G101-1图集，施工人员必须阅读图集说明，理解各种规定，严格按设计要求施工。

c）

墙号	水平分布钢筋	垂直分布钢筋	拉筋	备注
Q1	⌀12@250	⌀12@250	Φ8@500	3、4层
Q2	Φ10@250	Φ10@250	Φ8@500	5~16层

d）

图 3-21　某标准层顶梁平法施工图（续）
b）连接类型和连接表　c）标准层顶梁配筋平面图图样说明　d）剪力墙身表

　　从图 3-21 的顶梁平法施工图中，可知图中共有 8 种连梁，其中 LL-1 和 LL-8 各 1 根，LL-2 和 LL-5 各 2 根，LL-3、LL-6 和 LL-7 各 3 根，LL-4 共 6 根。各个编号连梁的梁底标高、截面宽度和高度、连梁跨度、上部纵向钢筋、下部纵向钢筋及箍筋可由连梁表得知。

　　从图 3-21 可知，连梁的侧面构造钢筋即为剪力墙配置的水平分布筋，其在三、四层为直径 12mm、间距 250mm 的 HRB400 级钢筋，在五~十六层为直径 10mm、间距 250mm 的 HPB300 级钢筋。

因转换层以上 2 层（三、四层）剪力墙，抗震等级为三级，以上各层抗震等级为四级，知三、四层（标高 6.950~12.550m）纵向钢筋锚固长度为 30d，五~十六层（标高 12.550~49.120m）纵向钢筋锚固长度为 29d。顶层洞口连梁纵向钢筋伸入墙内的长度范围内，应设置间距为 150mm 的箍筋，箍筋直径与连梁跨内箍筋直径相同。

图 3-21 中剪力墙身的编号只有一种，墙厚 200mm。由图 3-21d 知，剪力墙水平分布钢筋和垂直分布钢筋均相同，在三、四层直径为 12mm、间距为 250mm 的 HRB400 级钢筋，在五~十六层直径为 10mm、间距为 250mm 的 HPB300 级钢筋。拉筋直径为 8mm 的 HPB300 级钢筋，间距为 500mm。

根据图样说明，所有混凝土剪力墙上楼层板顶标高处均设暗梁，梁高 400mm，上部纵向钢筋和下部纵向钢筋同为 2 根直径 16mm 的 HRB400 级钢筋，箍筋直径为 8mm、间距为 100mm 的 HPB300 级钢筋，梁侧面构造钢筋即为剪力墙配置的水平分布筋，在三、四层设直径 12mm、间距为 250mm 的 HRB400 级钢筋，在五~十六层设直径 10mm、间距为 250mm 的 HPB300 级钢筋。

 知识扩展

剪力墙截面注写方式

在剪力墙平面布置图上，在相同编号的墙柱、墙身、墙梁中选择一根墙柱、一道墙身、一个墙梁，以适当的比例原位将其放大进行注写。

剪力墙柱注写的内容有绘制截面配筋图，并标注截面尺寸、全部纵向钢筋和箍筋的具体数值。

剪力墙身注写的内容有依次引注墙身编号（应包括注写在括号内墙身所配置的水平分布钢筋和竖向分布钢筋的排数）、墙厚尺寸、水平分布筋、竖向分布钢筋和拉筋的具体数值。

剪力墙梁注写的内容有：①墙梁编号；②墙梁顶面标高高差，是指墙梁所在结构层楼面标高的高差值，高于者为正值，低于者为负值，当无高差时不注；③墙梁截面尺寸 $b \times h$、上部纵筋、下部纵筋和箍筋的具体数值。当连梁设有斜向交叉暗撑时要以 JC 打头附加注写一根暗撑的全部钢筋，并标注×2 表示，有两根暗撑相互交叉，以及箍筋的具体数值；当连梁设有斜向交叉钢筋时，还要以 JG 打头附加注写一道斜向钢筋的配筋值，并标注×2 表示有两根斜向钢筋相互交叉。

（六）梁构件平法钢筋施工图的实例识读

某梁构件平法钢筋施工图如图 3-22 所示。

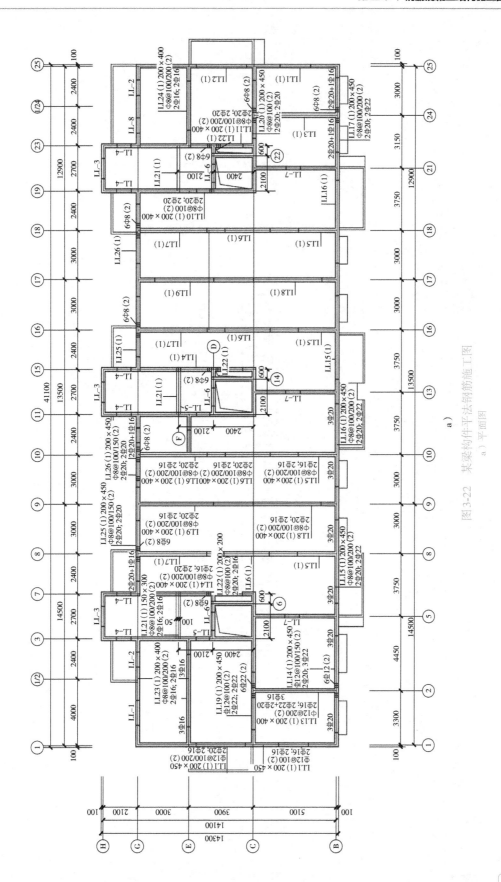

图 3-22 某梁构件平法钢筋施工图

a）平面图

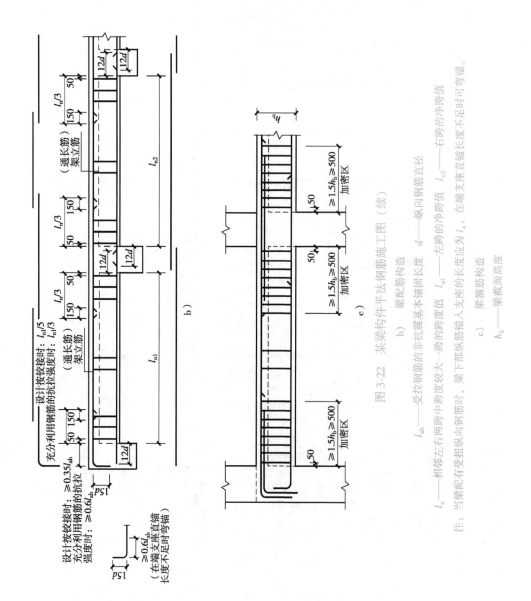

图 3-22 某梁构件平法钢筋施工图（续）

b）梁配筋构造

c）梁箍筋构造

l_{ab}——受拉钢筋的非抗震基本锚固长度　　d——纵向钢筋直径

l_n——相邻左右两跨中跨度较大一跨的跨度值　　l_{n1}——左跨的净跨值　　l_{n2}——右跨的净跨值

注：当梁配有受扭纵向钢筋时，梁下部纵向钢筋锚入支座的长度应为 l_a，在端支座直锚长度不足时可弯锚。

l_n——当梁配有受扭纵向钢筋时，梁下部纵向钢筋锚入支座的长度应为 l_a

h_b——梁截面高度

现以 LL1、LL3、LL14 为例说明梁的平法施工图的识读。

LL1（1）位于①轴线和 25 轴线上，1 跨；截面 200mm×450mm；箍筋为直径 8mm 的Ⅰ级钢筋，间距为 100mm，双肢箍；上部 2⏀16 通长钢筋，下部 2⏀16 通长钢筋。梁高≥450mm，需配置侧向构造钢筋，侧面构造钢筋应为剪力墙配置的水平分布筋，其在三、四层直径为 12mm、间距为 250mm 的Ⅲ级钢筋，在五～十六层为直径为 10mm、间距为 250mm 的Ⅰ级钢筋。因转换层以上 2 层（三、四层）剪力墙，抗震等级为三级，以上各层抗震等级为四级，知三、四层（标高 6.950～12.550m）纵向钢筋伸入墙内的锚固长度 l_{aE} 为 31d，五～十六层（标高 12.550～49.120m）纵向钢筋的锚固长度 l_{aE} 为 30d。如为顶层，连梁纵向钢筋伸入墙内的长度范围内，应设置间距为 150mm 的箍筋，箍筋直径与连梁跨内箍筋直径相同。

LL3（1）位于②轴线和 24 轴线上，1 跨；截面 200mm×400mm；箍筋直径为 8mm 的Ⅰ级钢筋，间距为 200mm，双肢箍；上部 2⏀16 通长钢筋，下部 2⏀22（角筋）+ 1⏀20 通长钢筋；梁两端原位标注显示，端部上部钢筋为 3⏀16，要求有一根钢筋在跨中截断，由于 LL3 两端以梁为支座，按非框架梁构造要求截断钢筋，构造要求如图 3-22b 所示，其中纵向钢筋锚固长度 l_{aE} 为 30d。

LL14（1）位于 B 轴线上，1 跨；截面 200mm×450mm；箍筋为直径 8mm 的Ⅰ级钢筋，加密区间距为 100mm，非加密区间距为 150mm，双肢箍，连梁沿梁全长箍筋的构造要求按框架梁梁端加密区箍筋构造要求采用，构造如图 3-22c 所示，图中 h_b 为梁截面高度；上部 2⏀20 通长钢筋，下部 3⏀22 通长钢筋；梁两端原位标注显示，端部上部钢筋为 3⏀20，要求有一根钢筋在跨中截断，参考框架梁钢筋截断要求，其中一根钢筋在距梁端 1/4 净跨处截断。梁高≥450mm，需配置侧向构造钢筋，侧面构造钢筋应为剪力墙上配置水平分布筋，其在三、四层直径为 12mm、间距为 250mm 的Ⅲ级钢筋，在 5⏀16 层直径为 10mm、间距为 250mm 的Ⅰ级钢筋。因转换层以上 2 层（三、四层）剪力墙，抗震等级为三级，以上各层抗震等级为四级，知三、四层（标高 6.950～12.550m）纵向钢筋伸入墙内的锚固长度 l_{aE} 为 31d，五～十六层（标高 12.550～49.120m）纵向钢筋的锚固长度 l_{aE} 为 30d。如为顶层，连梁纵向钢筋伸入墙内的长度范围内，应设置间距为 150mm 的箍筋，箍筋直径与连梁跨内箍筋直径相同。

此外，图中梁纵、横交汇处设置附加箍筋，例如 LL3 与 LL14 交汇处，在 LL14 上设置附加箍筋 6 根直径为 16mm 的Ⅰ级钢筋，双肢箍。需要注意的是，主、次梁交汇处上部钢筋主梁在上，次梁在下。

（七）板构件平法钢筋施工图的实例识读

1）某办公楼现浇板平法施工图如图 3-23 所示。

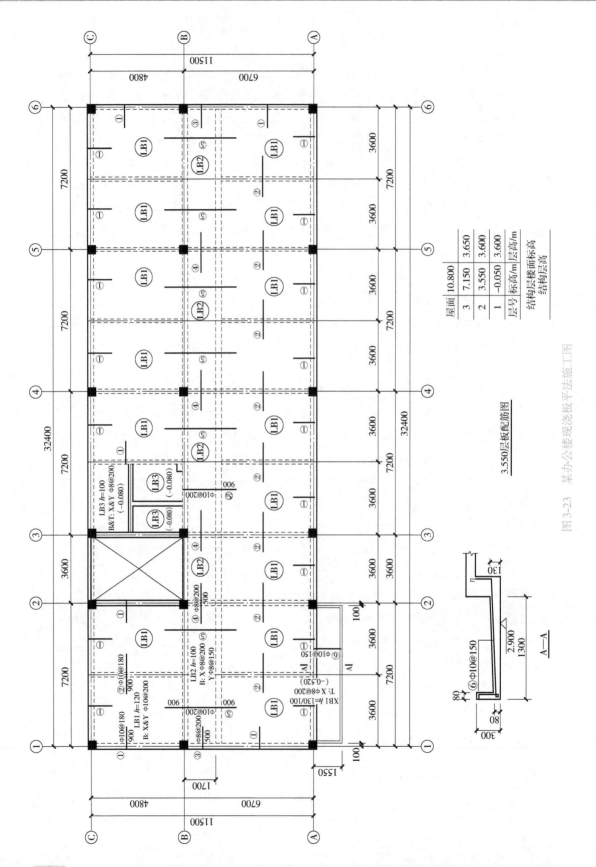

3.550层板配筋图

层号	标高/m	层高/m
屋面	10.800		
3	7.150	3.650	3.600
2	3.550	3.600	3.600
1	-0.050		
	结构层楼面标高 结构层高	结构层楼面标高 结构层高	

图3-23 某办公楼现浇板平法施工图

从该现浇板平法施工图中，可知其共有三种板，其编号分别为LB1、LB2、LB3。

1）对于LB1，板厚$h=120mm$。板下部钢筋为B：X&Y Φ10@200，表示板下部钢筋两个方向均为Φ10@200，没有配上部贯通钢筋。板支座负筋采用原位标注，并给出编号，同一编号的钢筋，仅详细注写一个，其余只注写编号。

2）对于LB2，板厚$h=100mm$。板下部钢筋为B：X Φ8@200，Y Φ8@150。表示板下部钢筋X方向为Φ8@200，Y方向为Φ8@150，没有配上部贯通钢筋。板支座负筋采用原位标注，并给出编号，同一编号的钢筋，仅详细注写一个，其余只注写编号。

3）对于LB3，板厚$h=100mm$。集中标注钢筋为B&T：X&Y Φ8@200，表示该楼板上部下部两个方向均配Φ8@200的贯通钢筋，即双层双向均为Φ8@200。板集中标注下面括号内的数字（−0.080）表示该楼板比楼层结构标高低80mm。因为该房间为卫生间，卫生间的地面要比普通房间的地面低。

4）在楼房主入口处设有雨篷，雨篷应在二层结构平面图中表示，雨篷为纯悬挑板，所以编号为XB1，板厚$h=130mm/100mm$，表示板根部厚度为130mm，板端部厚度为100mm。悬挑板的下部不配钢筋，上部X方向通筋为Φ8@200，悬挑板受力钢筋采用原位标注，即⑥号钢筋Φ10@150。为了表达该雨篷的详细做法，图中还画有A—A断面图。从A—A断面图可以看出雨篷与框架梁的关系。板底标高为2.900m，刚好与框架梁底平齐。

知识扩展

板构件平法识图步骤

板构件平法识图步骤如下：

1）查看图名、绘图比例。

2）校核轴线编号及其间距尺寸，要求必须与建筑图、梁平法施工图保持一致。

3）阅读结构设计总说明或图样说明，明确现浇板的混凝土强度等级及其他要求。

4）明确现浇板的厚度和标高。

5）明确现浇板的配筋情况，并参阅说明，了解未标注的分布钢筋情况等。

识读现浇板施工图时，应注意现浇板钢筋的弯钩方向，以便确定钢筋是在板的底部还是顶部。

需要特别强调的是，应分清板中纵横方向钢筋的位置关系。对于四边整浇的混凝土矩形板，由于力沿短边方向传递的多，下部钢筋一般是短边方向钢筋在下，长边方向钢筋在上，而下部钢筋正好相反。

2）某工程标准层顶板平法施工图如图3-24所示。

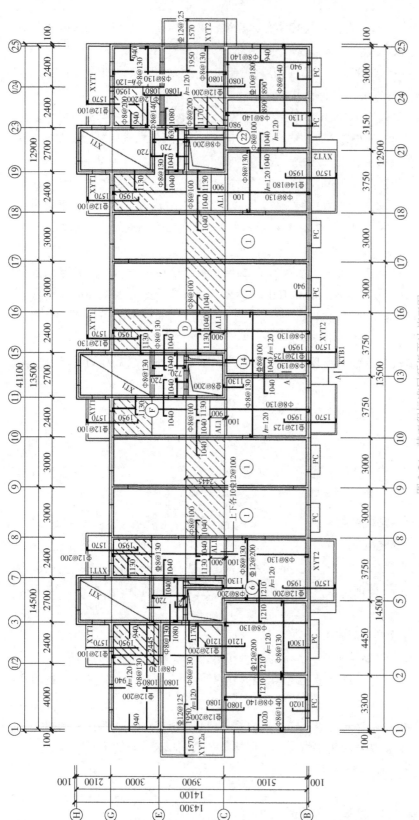

图 3-24 某工程标准层顶板平法施工图

设计说明如下:

(1) 混凝土强度等级为 C30, 钢筋采用 HPB300 (Φ), HRB400 (Φ)。

(2) 所示范围为厨房或卫生间顶板, 板顶标高为建筑物标高 -0.080m, 其他部位板顶标高为建筑物标高 -0.050m, 降板构造见 22G101 图集。

(3) 未注明板厚均为 110mm。

(4) 未注明钢筋的规格均为 Φ8@140。

该图中板厚有 110mm 和 120mm 两种。

现以左下角为例来说明钢筋的配置情况。对于下部钢筋，可知图样中的受力钢筋为Φ8@140（即直径为 8mm 的 HPB300 级钢筋，间距为 140mm）沿房屋纵向布置，横向布置钢筋同样为Φ8@140，纵向（房间短向）钢筋在下，横向（房间长向）钢筋在上。

对于上部钢筋，可知图样中与墙相交处有上部构造钢筋，轴线 1 处沿房间纵向设置Φ8@140（未说明，根据图样说明配置），伸出墙外 1020mm；轴线 2 处沿房间纵向设置Φ12@200，伸出墙外 1210mm；轴线 B 处沿房间横向设置Φ8@140，伸出墙外 1020mm；轴线 C 处沿房间横向设置Φ12@200，伸出墙外 1080mm。

 知识扩展

楼板的设计要求

1）要有足够的刚度和强度。强度是指结构件（楼板）在其自身重量和正常使用荷载作用下，楼板达到安全可靠，不影响正常使用指标的要求。刚度要求是指楼板在一定的荷载作用下，构件的变形在规范规定的允许范围内。

2）减少吸热。建筑节能设计中有规定，楼板要满足一定的节能要求。或在楼板面上铺设辅助材料，以减少楼面的吸热；或采用吸热系数小的材料做楼地面面层。

3）隔声。楼板之间的隔声措施主要通过在楼板上铺设隔声材料来实现。隔声材料的效果主要与楼板垫层材料的厚度、类型、质量有关。一般在楼面上铺设地毯等弹性材料，或采用弹性面层，如木地面、塑料地面，可降低楼板本身的振动；或采用浮筑式楼板，在楼板与面层之间加弹性垫层，使楼板与面层完全脱离，达到较好的隔声效果。

4）防水、防潮。如厕所、浴室、实验室等用水较多的房间应满足防水要求。

(八) 板式楼梯平法钢筋施工图的实例识读

板式楼梯平法钢筋施工图如图 3-25 所示。

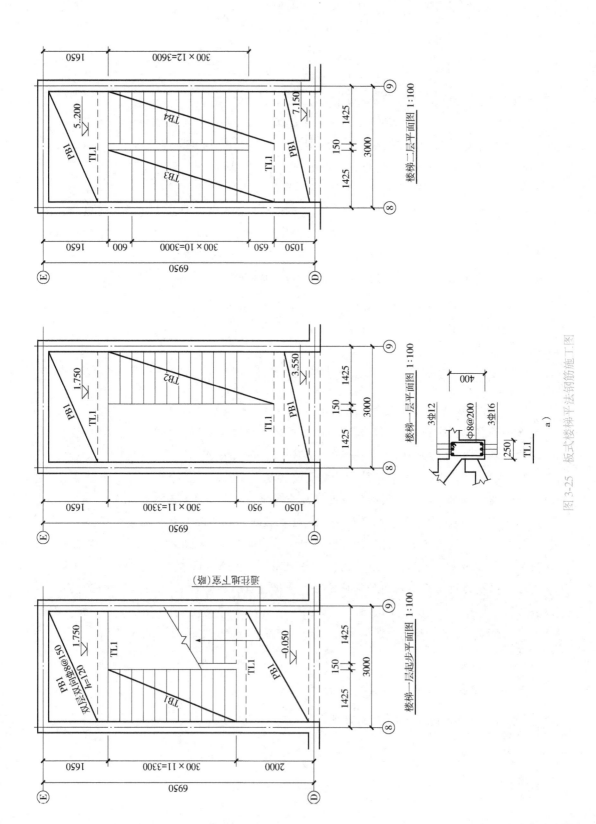

楼梯二层平面图 1:100

楼梯一层平面图 1:100

楼梯一层起步平面图 1:100

a）

TL1

图 3-25　板式楼梯平法钢筋施工图

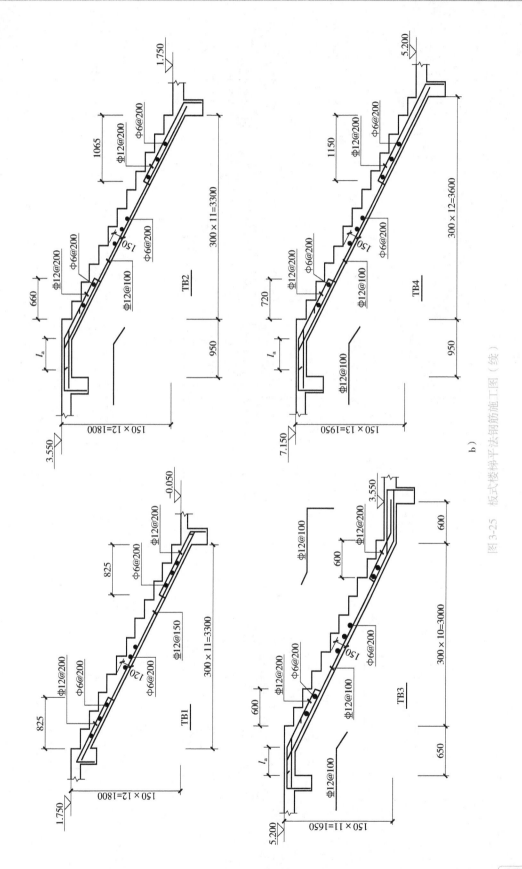

图 3-25 板式楼梯平法钢筋施工图（续）

b）

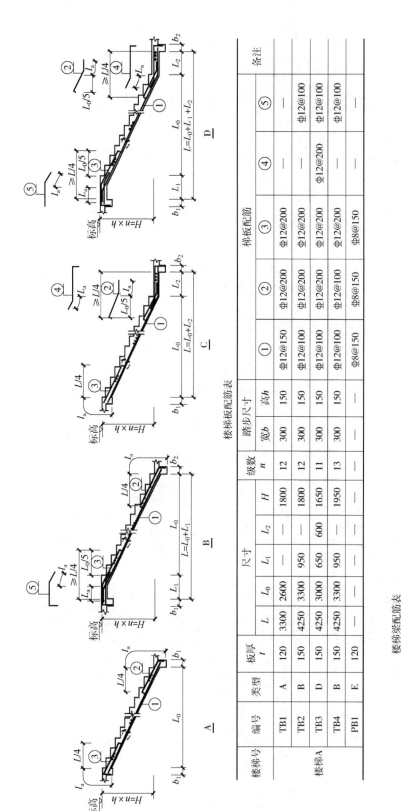

楼梯板配筋表

楼梯号	编号	类型	板厚 t	尺寸				级数 n	踏步尺寸		梯板配筋				
				L	L_0	L_1	L_2	H		宽 b	高 h	①	②	③	④	⑤
楼梯A	TB1	A	120	3300	2600	—	—	1800	12	300	150	Φ12@150	Φ12@200	Φ12@200	—	—
	TB2	B	150	4250	3300	950	—	1800	12	300	150	Φ12@100	Φ12@200	Φ12@200	—	Φ12@100
	TB3	D	150	4250	3000	650	600	1650	11	300	150	Φ12@100	Φ12@200	Φ12@200	Φ12@200	Φ12@100
	TB4	B	150	4250	3300	950	—	1950	13	300	150	Φ12@100	Φ12@100	Φ12@200	—	Φ12@100
	PB1	E	120	—	—	—	—	—	—	—	—	Φ8@150	Φ8@150	Φ8@150	—	—

楼梯梁配筋表

楼梯号	梁号	尺寸		梁底筋	梁顶筋	梁箍筋
		b	h	①	②	③
楼梯A	TL1	250	400	3Φ12	3Φ16	Φ8@200

说明：
1. 楼梯混凝土强度等级：C25。
2. 位于半平台处的梯梁，若端部无支底，应设混凝土立柱（另详）落于楼面梁，钢筋长度尚应现场放样确定，l_a。
3. 钢筋长度尚应现场放样确定。

梯梁

E平台板

c)

图 3-25 板式楼梯平法钢筋施工图（续）

1）图 3-25 中的楼梯为板式楼梯，由梯段板、梯梁和平台板组成，混凝土强度等级为 C25。

2）梯梁：从图 3-25 中得知梯梁的上表面为建筑标高减去 50mm，断面形式均为矩形断面。如 TL1，矩形断面 250mm×400mm，下部纵向受力钢筋为 3 Φ 16，伸入墙内长度不小于 15d；上部纵向受力钢筋为 3 Φ 12，伸入墙内应满足锚固长度 l_a 要求；箍筋 Φ 8@200。

3）平台板：从图 3-25 中得知平台板上表面为建筑标高减去 50mm，与梯梁同标高，两端支承在剪力墙和梯梁上。由图知，该工程平台板厚度 120mm，配筋双层双向 Φ 8@150，下部钢筋伸入墙内长度不小于 5d；上部钢筋伸入墙内应满足锚固长度 l_a 要求。

4）楼梯板：楼梯板两端支承在梯梁上，从剖面图和平面图得知，根据形式、跨度和高差的不同，梯板分成 4 种，即 TB1～TB4。

类型 A：下部受力筋①通长，伸入梯梁内的长度不小于 5d；下部分布筋为 Φ 6@200；上部筋②、③伸出梯梁的水平投影长度为 0.25 倍净跨，末端做 90° 直钩顶在模板上，另一端进入梯梁内不小于锚固长度 l_a，并沿梁侧边弯下。

类型 B：板倾斜段下部受力筋①通长，至板水平段板顶弯成水平，从板底弯折处起算，钢筋水平投影长度为锚固长度 l_a；下部分布筋为 Φ 6@200；上部筋②伸出梯梁的水平投影长度为 0.25 倍净跨，末端做 90° 直钩顶在模板上，另一端进入梯梁内不小于锚固长度 l_a，并沿梁侧边弯下；上部筋③中部弯曲，既是倾斜段也是水平段的上部钢筋，其倾斜部分长度为斜梯板净跨（L_0）的 0.2 倍，且总长的水平投影长度不小于 0.25 倍总净跨（L），末端做 90° 直钩顶在模板上，另一端进入梯梁内不小于锚固长度 l_a，并沿梁侧边弯下。

类型 D：下部受力筋①通长，在两水平段转折处弯折，分别伸入梯梁内，长度不小于 5d；板上水平段上部受力筋③至倾斜段上部板顶弯折，既是倾斜段也是上水平段的上部钢筋，其倾斜部分长度为斜梯板净跨（L_0）的 0.2 倍，且总长的水平投影长度不小于 0.25 倍总净跨（L），末端做 90° 直钩顶在模板上，另一端进入梯梁内不小于锚固长度 l_a，并沿梁侧边弯下；板上水平段下部筋⑤在靠近斜板处弯折成斜板上部筋，延伸至满足锚固长度后截断；下部分布筋为 Φ 6@200；板下水平段下部筋②至倾斜段上部板顶弯折，既是倾斜段也是下水平段的上部钢筋，其倾斜部分长度为斜梯板净跨（L_0）的 0.2 倍，且总长水平投影长度不小于 0.25 倍总净跨（L），末端做 90° 直钩顶在模板上，另一端进入下水平段板底弯折，延伸至满足锚固长度后截断；板下水平段上部筋④至斜板底面处弯折，另一端进入梯梁内不小于锚固长度 l_a，并沿梁侧边弯下。

二、基础结构施工图的实例识读

(一) 基础的构造形式

1. 独立基础

当建筑物上部采用柱承重时，常采用单独基础，这种基础称为独立基础，独立基础的形状有阶梯形、锥形和杯形等，如图 3-26 所示。

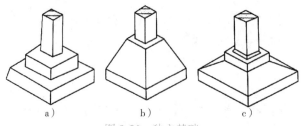

图 3-26　独立基础
a) 阶梯形基础　b) 锥形基础　c) 杯形基础

2. 条形基础

当建筑物上部结构采用墙体承重时，基础沿墙身设置，多做成连续的长条形状，这种基础称为条形基础，如图 3-7 所示。

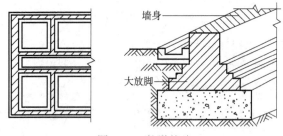

图 3-27　条形基础

3. 桩基础

当建筑物荷载较大，地基软弱土层的厚度在 5m 以上时，基础不能埋在软弱土层内，或对软弱土层进行人工处理比较困难或不经济时，通常采用桩基础。桩基础一般由设置在土中的柱和承接上部结构的承台组成，如图 3-28 所示。

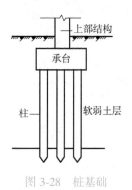

图 3-28　桩基础

4. 箱形基础

箱形基础是由钢筋混凝土底板、顶板、侧墙和一定数量内隔墙构成的封闭箱形结构，如图 3-29 所示。该基础具有相当大的整体性和空间刚度，能抵抗地基的不均匀沉降并具有良好的抗震作用，是有人防、抗震及地下室要求的高层建筑的理想基础形式之一。

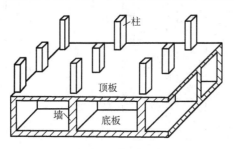

图 3-29 箱形基础

5. 筏形基础

当建筑物地基条件较弱或上部结构荷载较大时，条形基础或箱形基础已经不能满足建筑物的要求，常将基础底面进一步扩大，连成一块整体的基础板，形成筏形基础，如图 3-30 所示。

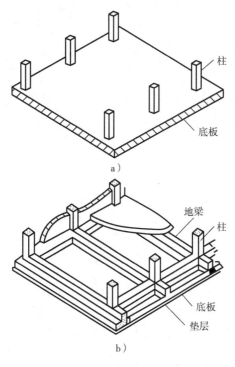

图 3-30 筏形基础
a）平板式基础 b）梁板式基础

（二）基础平面图的实例识读

1. 独立基础平面图

独立基础平面图如图 3-31 所示。

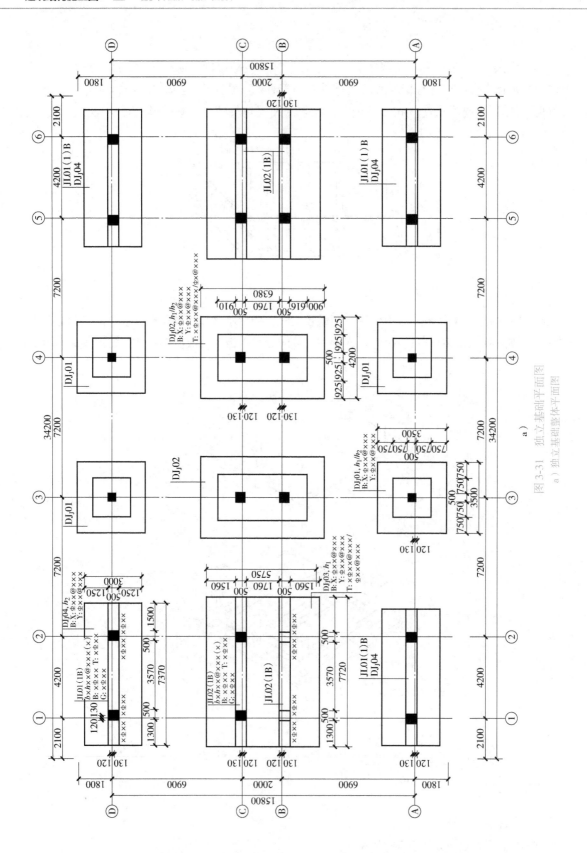

图 3-31　独立基础平面图

a）独立基础整体平面图

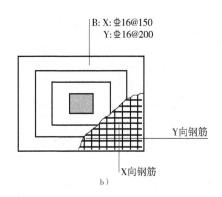

图 3-31　独立基础平面图（续）
b）独立基础底板底部双向配筋示意图

1）从独立基础整体平面图中，可以看到独立基础的整体布置，以及各个独立基础的配筋要求，相同独立基础用统一编号代替。

2）在独立基础底板底部双向配筋示意图中 B：X⏀16@150，表示基础底板底部配置 HRB400 级钢筋，X 向直径为 16mm，分布间距 150mm。

3）在独立基础底板底部双向配筋示意图中 B：Y⏀16@200 表示基础底板底部配置 HRB400 级钢筋，Y 向直径为 16mm，分布间距 200mm。

独立基础平法施工图的表示方法

1）独立基础平法施工图有平面注写与截面注写两种表达方式，设计者可根据具体工程情况选择一种，或两种方式相结合进行独立基础的施工图设计。

2）当绘制独立基础平面布置图时，应将独立基础平面与基础所支承的柱一起绘制。当设置基础连系梁时，可根据图面的疏密情况，将基础连系梁与基础平面布置图一起绘制，或将基础连系梁布置图单独绘制。

3）在独立基础平面布置图上应标注基础定位尺寸；当独立基础的柱中心线或杯口中心线与建筑轴线不重合时，应标注其定位尺寸。编号相同且定位尺寸相同的基础，可仅选择一个进行标注。

2. 墙下混凝土条形基础平面图

墙下混凝土条形基础平面图如图 3-32 所示。

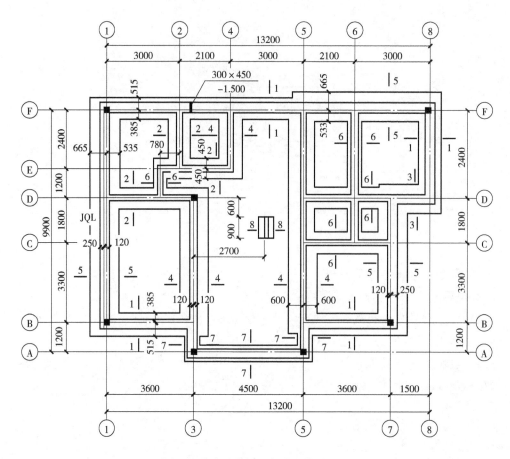

图 3-32　墙下混凝土条形基础平面图

说明：1. ±0.000 相当于绝对标高 80.900m。

　　　2. 根据地质报告，持力层为粉质黏土，其地基承载力特征值 $f_{ak}=150MPa$。

　　　3. 本工程墙下采用钢筋混凝土条形基础，混凝土强度等级 C25，钢筋 HPB300、HRB335。

　　　4. GZ 主筋锚入基础内 40d（d 为柱内主筋直径）。

　　　5. 地基开挖后待设计部门验槽后方可进行基础施工。

　　　6. 条形基础施工完成后对称回填土，且分层夯实，然后施工上部结构。

　　1）在基础平面布置图的说明中可以看出基础采用的材料、基础持力层的名称、承载力特征值 f_{ak} 和基础施工时的一些注意事项等。

　　2）在②轴靠近 F 轴位置墙上的（300×450）／（-1.500），粗实线表示了预留洞口的位置，表示这个洞口宽×高为 300mm×450mm，洞口的底标高为-1.500m。

　　3）标注 4—4 剖面处，基础宽度 1200mm，墙体厚度 240mm，墙体轴线居中，基础两边线到定位轴线均为 600mm；标注 5—5 剖面处，基础宽度 1200mm，墙体厚度 370mm，墙体偏心 65mm，基础两边线到定位轴线分别为 665mm 和 535mm。

　3. 柱下混凝土条形基础平面图

　柱下混凝土条形基础平面图如图 3-33 所示。

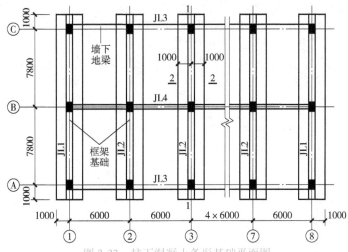

图 3-33　柱下混凝土条形基础平面图

1）图中基础中心位置正好与定位轴线重合，基础的轴线距离都是 6.00m，每根基础梁上有三根柱子，用黑色的矩形表示。

2）地梁底部扩大的面为基础底板，即图中基础的宽度为 2.00m。

3）从图上的编号可以看出两端轴线，即①轴和⑧轴的基础相同，均为 JL1；其他中间各轴线的基础相同，均为 JL2。

4）从图中看出基础全长 18.00m，地梁长度为 15.600m，基础两端还有为了承托上部墙体（砖墙或轻质砌块墙）而设置的基础梁，标注为 JL3，其断面要比 JL1、JL2 小，尺寸为 300mm×550mm（b×h）。

5）JL3 的设置，使我们在看图中了解到该方向可以不必再另行挖土方做砖墙的基础了。

6）柱子的柱距均为 6.0m，跨度为 7.8m。

4. 梁板式筏形基础平面图

梁板式筏形基础平面图如图 3-34 所示。

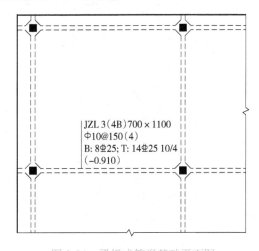

图 3-34　梁板式筏形基础平面图

1）集中标注的第一行表示基础主梁，代号为 3 号；"（4B）"表示该梁为 4 跨，并且两端具有悬挑部分；主梁宽 700mm，高 1100mm。

2）集中标注的第二行表示箍筋的规格为 HPB300，直径 10mm，间距 150mm，4 肢。

3）集中标注的第三行"B"表示梁底部的贯通筋，8 根 HRB400 钢筋，直径为 25mm；"T"是梁顶部的贯通筋，14 根 HRB400 钢筋，直径为 25mm；分两排摆放，第一排 10 根，第二排 4 根。

4）集中标注的第四行表示梁的底面标高，比基准标高低 0.91m。

5. 桩基础承台平面图

桩基础承台平面图如图 3-35 所示。

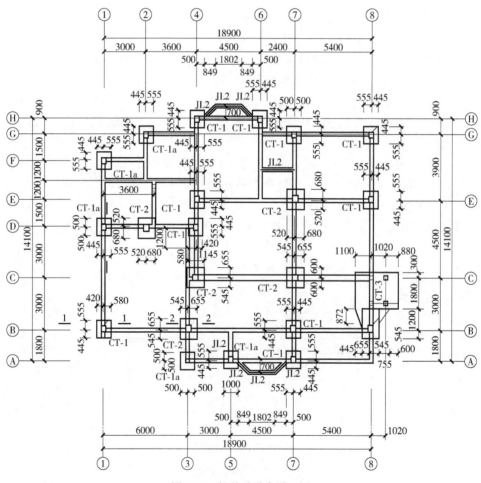

图 3-35 桩基础承台平面图

1）图为基础结构布置图，绘图比例为 1∶100。

2）定位轴线编号和轴线间尺寸与桩位平面布置图中的一致，也与建筑平面图一致。

3）CT 为独立承台的代号，图中出现的此类代号有"CT-1a、CT-1、CT-2、CT-3"，表示四种类型的独立承台。

4）承台周边的尺寸可以表达出承台中心线偏离定位轴线的距离以及承台外形几何尺寸。如图中定位轴线①号与 B 号交叉处的独立承台，尺寸数字"420"和"580"表示承台中心向右偏移出①号定位轴线 80mm，承台该边边长 1000mm；从尺寸数字"445"和"555"中，可以看出该独立承台中心向上偏移出 B 号轴线 55mm，承台该边边长 1000mm。

5）"JL1、JL2"代表两种类型的地梁，基础结构平面图中未注明地梁均为 JL1，所有主次梁相交处附加吊筋 2Φ14，垫层同垫台。地梁连接各个独立承台，并把它们形成一个整体，地梁一般沿轴线方向布置，偏移轴线的地梁标有位移大小。剖切符号1—1、2—2、3—3 表示承台详图中承台在基础结构平面布置图上的剖切位置。

（三）基础剖面图的实例识读

1）柱下条形基础详图如图 3-36 所示。

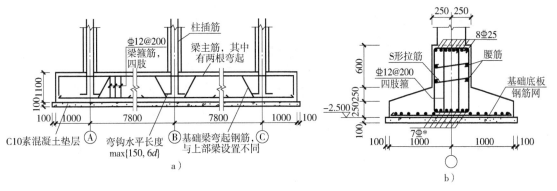

图 3-36　柱下条形基础详图

a）柱下条形基础纵向剖面图　b）柱下条形基础横向剖面图

1. 柱下条形基础纵向剖面图

1）从该剖面图中可以看到基础梁沿长向的构造，首先看出基础梁的两端有一部分挑出长度为 1000mm，由力学知识可以知道，这是为了更好地平衡梁在框架柱处的支座弯矩。

2）基础梁的高度是 1100mm，基础梁的长度为 17600mm，即跨距 7800×2 加上两柱轴线到梁边的 1000mm，故总长为 7800×2+1000×2＝17600（mm）。

3）弄清楚梁的几何尺寸之后，主要是看懂梁内钢筋的配置。可以看到，竖向有三根柱子的插筋，长向有梁的上部主筋和下部的受力主筋，根据力学的基本知识可以知道，基础梁承受的是地基土向上的反力，它的受力就好比是一个翻转 180°的上部结构的梁，因此跨中上部钢筋配置得少而支座处下部钢筋配置得多，而且最明显地是如果设弯起钢筋时，弯起钢筋在柱边支座处斜的方向和上部结构的梁的弯起钢筋斜向相反。这些在看图时和施工绑扎钢筋时必须弄清楚，否则就要造成错误，如果检查忽略而浇筑了混凝土那就会成为质量事故。此外，上下的受力钢筋用钢箍绑扎成梁，图中注明了箍筋采用12mm，并且是四肢箍。

2. 柱下条形基础横向剖面图

1）从该剖面图中可以看到基础梁沿短向的构造，从图中可以看到，基础宽度为2.00m，基础底有100mm厚的素混凝土垫层，底板边缘厚为250mm，斜坡高也为250mm，梁高与纵剖面一样为1100mm。

2）从基础的横剖面图上还可以看出的是地基梁的宽度为500mm。

3）在横剖面图上应该看梁及底板的钢筋配置情况，从图中可以看出底板在宽度方向上是主要受力钢筋，它摆放在底下，断面上一个一个的黑点表示长向钢筋，一般是分布筋。板钢筋上面是梁的配筋，可以看出上部主筋有8根，下部配置有7根。

4）柱下条形基础纵向剖面图提到的四肢箍就是由两个长方形的钢箍组成的，上下钢筋由四肢钢筋连接在一起，这种形式的箍筋称为四肢箍。另外，由于梁高较大，在梁的两侧一般设置侧向钢筋加强，俗称腰筋，并采用S形拉结筋钩住以形成整体。

2）砌石基础构造图如图3-37所示。

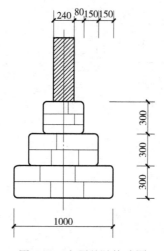

图3-37　砌石基础构造图

1）台阶形的砌石基础每台阶至少有两层砌石，所以每个台阶的高度要求不小于300mm。

2）为了保证上一层砌石的边能压紧下一层砌石的边块，每个台阶伸出的长度不应大于150mm。按照这项要求，做成台阶形断面的砌石基础，实际的刚性角小于允许的刚性角，因此往往要求基础要有比较大的高度。有时为了减少基础的高度，可以把断面做成梯形。

3）箱形基础示意图如图3-38所示。

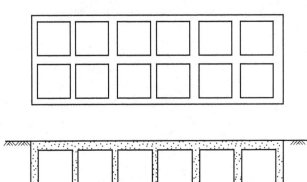

图 3-38 箱形基础示意图

1）高层建筑由于建筑功能与结构受力等要求，可以采用箱形基础。

2）这种基础是由钢筋混凝土底板、顶板和足够数量的纵横交错的内外墙组成的空间结构，如一块巨大的空心厚板，使箱形基础具有比筏板基础大得多的空间刚度，用于抵抗地基或荷载分布不均匀引起的差异沉降，以及避免上部结构产生过大的次应力。

（四）基础详图的实例识读

1）独立基础详图如图 3-39 所示。

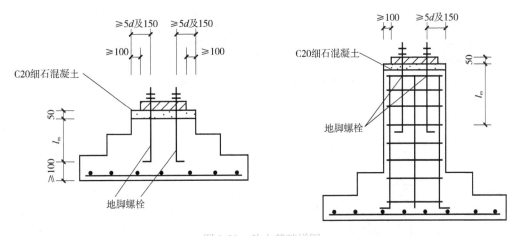

图 3-39 独立基础详图

1）地脚螺栓中心至基础顶面边缘的距离不小于 $5d$（d 为地脚螺栓直径）及 150mm。

2）钢柱底板边线至基础顶面边缘的距离不小于 100mm。

3）基础顶面设 C20 细石混凝土二次浇灌层，厚度一般可采用 50mm。

4）基础高度 $h \geqslant l_m + 100$mm（l_m 为地脚螺栓的埋置深度）。

2) 墙下条形基础详图如图 3-40 所示。

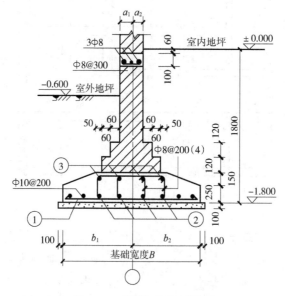

图 3-40　墙下条形基础详图

1) 为保护基础的钢筋同时也为施工时敷设钢筋弹线方便，基础下面设置了素混凝土垫层 100mm 厚，每侧超出基础底面各 100mm，一般情况下垫层混凝土等级常采用 C10。

2) 该条形基础内配置了①号钢筋，为 HRB400 级钢，具体数值可以通过"基础细部数据表"查得，受力钢筋按普通梁的构造要求配置，上下各为 4Φ14，箍筋为 4 肢箍Φ8@200。

3) 墙身中粗线之间填充了图例符号，表示墙体材料是砖，墙下有放脚，由于受刚性角的限制，故分两层放出，每层 120mm，每边放出 60mm。

3) 桩基础承台详图如图 3-41 所示。

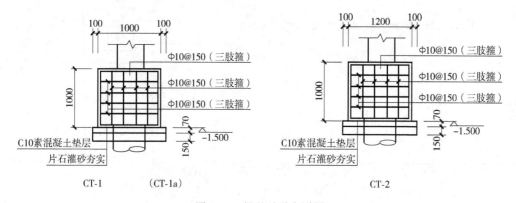

图 3-41　桩基础承台详图

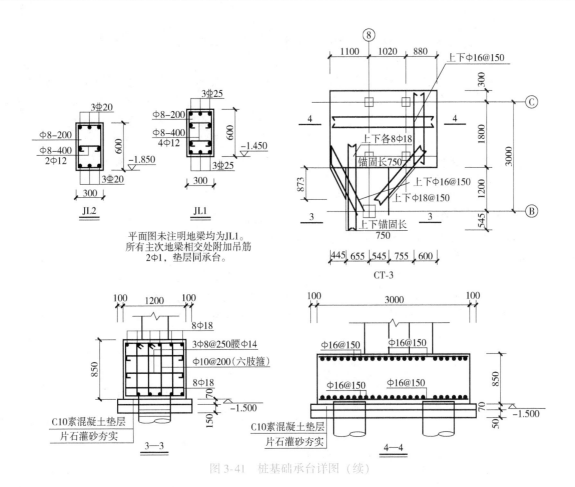

图 3-41　桩基础承台详图（续）

1）图中 CT-1、CT-1a、CT-2 为独立承台 CT-1、CT-1a、CT-2 的剖面图。图中 JL1、JL2 为 JL1、JL2 的断面图。图中 CT-3 为独立承台 CT-3 的平面详图，3—3 剖面图、4—4 剖面图为独立承台 CT-3 的剖面图。

2）从 CT-1、CT-1a 剖面图中，可知承台高度为 1000mm，承台底面即垫层顶面标高为 -1.500m。垫层分上、下两层，上层为 70mm 厚的 C10 素混凝土垫层，下层用片石灌砂夯实。由于承台 CT-1 与承台 CT-1a 的剖面形状、尺寸相同，只是承台内部配置有所差别，如图中Φ10@150 为承台 CT-1 的配筋，其旁边括号内注写的三肢箍为承台 CT-1a 的内部配筋，所以当选用括号内的配筋时，图中 CT-1、CT-1a 表示的为承台 CT-1a 的剖面图。

3）从平面详图 CT-3 中，可以看出该独立承台由两个不同形状的图形截面组成，一个是边长为 1200mm 的正方形独立承台，另一个为截面尺寸为 2100mm×3000mm 的矩形双柱独立承台。两部分之间用间距为 150mm 的Φ8 钢筋拉结成一个整体。图中"上下Φ16@150"表示该部分上下部分两排钢筋均为间距 150mm 的Φ16 钢筋，其中弯钩向左和向上的钢筋为下排钢筋，弯钩向右和向下的钢筋为上排钢筋。

4）剖切符号 3—3、4—4 表示断面图 3—3、4—4 在该详图中的剖切位置。从 3—3 断面图中可以看出，该承台断面宽度为 1200mm，垫层每边多出 100mm，承台高度 850mm，承台底面标高为 -1.500m，垫层构造与其他承台垫层构造相同。

5）从 4—4 断面图中可以看出，承台底部所对应的垫层下有两个并排的桩基，承台底部与顶部均纵横布置着间距150mm的Φ16钢筋，该承台断面宽度为3000mm，下部垫层两外侧边线分别超出承台宽两边100mm。

6）CT-3为编号为3的一种独立承台结构详图。实际是该独立承台的水平剖面图，图中显示两个不同形状的矩形截面。它们之间用间距为150mm的Φ8钢筋拉结成一个整体。该图中上下Φ16@150表达的是上下两排Φ16的钢筋间距150mm均匀布置，图中钢筋弯钩向左和向上的表示下排钢筋，钢筋弯钩向右和向下的表示上排钢筋。还有独立承台的剖切符号3—3、4—4表示对两个矩形部分进行竖直剖切。

7）JL1和JL2为两种不同类型的基础梁或地梁。JL1详图也是该种地梁的断面图，截面尺寸为300mm×600mm，梁底面标高为−1.450m；在梁截面内，布置着3根直径为Φ25的HRB400级架立筋，3根直径为Φ25的HRB400级受力筋，间距为200mm、直径为Φ8的HPB300级箍筋，4根直径为Φ12的HPB300级的腰筋和间距100mm、直径为Φ8的HPB300级的拉筋。JL2详图截面尺寸为300mm×600mm，梁底面标高为−1.850m；在梁截面内，上部布置着3根直径为Φ20的HRB400级的架立筋，底部为3根直径为Φ20的HRB400级的受力钢筋，间距为200mm、直径为Φ8的HPB300级的箍筋，2根直径为Φ12的HPB300级的腰筋和间距为400mm、直径为Φ8的HPB300级的拉筋。

三、钢筋混凝土主体结构施工图的实例识读

（一）楼层结构平面布置图

1）预制板楼面结构平面图如图3-42所示。

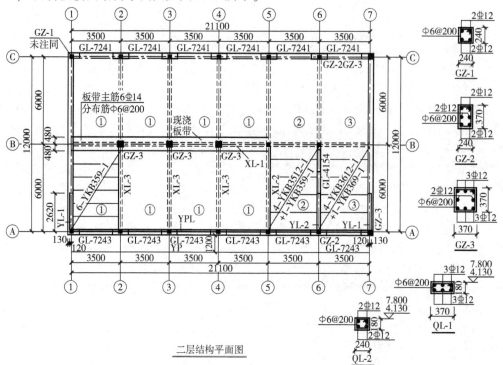

二层结构平面图

图3-42　预制板楼面结构平面图

　　1）该图为二层结构平面图，比例为1∶100，图中涂黑的代表钢筋混凝土构造柱，共有GZ-1、GZ-2、GZ-3三种，由于配筋比较简单，具体配筋情况是采用断面图的形式表示的。与构造柱相同，图中两种圈梁QL-1、QL-2的配筋也是用断面图表示的。图中共包括三种形式的预制板，其中②号板表示布置4块长度3500mm、宽度1200mm和1块长度3500mm、宽度900mm，荷载等级都是1级的预应力多孔板。由于在B轴线上有构造柱GZ-3，无法放预制板，故在此现浇一板带。板带下配6根直径14mm的HRB400级钢筋（与板平行），分布筋为直径6mm的HPB300级钢筋，间距200mm。

　　2）图中门或窗洞口的上方为过梁，如"GL-7243"，其中"GL"表示过梁，"7"表示过梁所在的墙厚为370mm，"24"表示过梁下墙洞口宽度2400mm，"3"表示过梁荷载等级为3级。图中"XL-1"表示编号是1的现浇梁。图中A轴线上的粗实线表示雨篷梁及端部的压梁，分别用代号YPL、YL-1、YL-2表示。还给出了圈梁、构造柱的断面图及雨篷的配筋图，读者可自行阅读。

　　2）现浇板楼面结构平面图如图3-43所示。

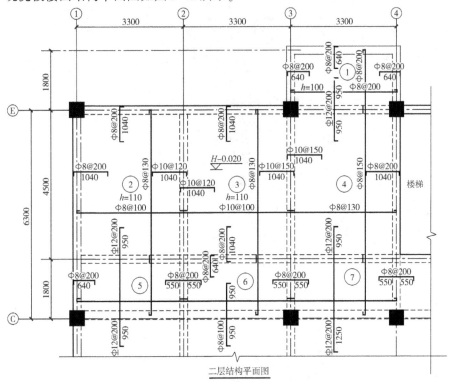

图3-43　现浇板楼面结构平面图

　　1）图3-43是二层结构平面图的一部分，图中的轴线编号及轴间尺寸与建筑图相同，比例也采用1∶100的比例。

　　2）图中的虚线表示板底下的梁，由于该办公楼采用框架的结构体系，故未设置圈梁、构造柱。

　　3）门窗的上表面与框架梁底在同一高度，也未设置过梁。整个楼板厚度除阳台部位为100mm外，其余部位为110mm。

　　4）相邻板若上部配筋相同，则中间不断开，采用一根钢筋跨两侧放置。在图中还注明了卫生间部位的结构标高（不含装修层的高度）比其他部位低20mm。

(二) 板施工平面图

某教学楼现浇板平法施工图如图 3-44 所示。

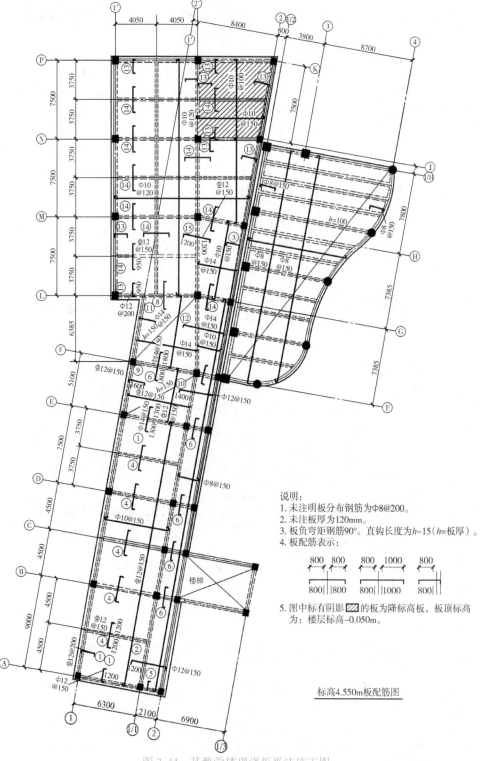

说明:
1. 未注明板分布钢筋为Φ8@200。
2. 未注板厚为120mm。
3. 板负弯矩钢筋90°。直钩长度为$h-15$(h=板厚)。
4. 板配筋表示:

5. 图中标有阴影▨的板为降标高板,板顶标高为:楼层标高−0.050m。

标高4.550m板配筋图

图 3-44 某教学楼现浇板平法施工图

1）图中阴影部分的板是建筑卫生间的位置，为防水的处理，将楼板降标高 50mm。

2）以轴 L~P、①'~② 之间的现浇板来讲解，下部钢筋：横向受力钢筋为 Φ10@ 150，是 HPB300 级钢，故末端做成 180° 弯钩；纵向受力钢筋为 Φ12 @ 150，是 HRB400 级钢，故末端为平直不做弯钩，图中所示端部斜钩仅表示该钢筋的断点，而实际施工摆放的是直钢筋。上部钢筋：与梁交接处设置负筋（俗称扣筋或上铁）①② ③④号筋，其中①②号筋为 Φ12@ 200，伸出梁外 1200mm，③④号筋为 Φ12@ 150，伸出梁外 1200mm。按规范要求，板下部钢筋伸入墙、梁的锚固长度不小于 $5d$，尚应满足伸至支座中心线，且不小于 100mm；上部钢筋伸入墙、梁内的长度按受拉钢筋锚固，其锚固长度不小于 l_a。

（三）梁施工平面图

某办公楼梁平法配筋施工图如图 3-45 所示。

如图所示为梁平法施工图，梁的主要作用有两个：一是支承墙体，二是分隔板块，将跨度较大的板分割成跨度较小的板。图中框架梁（KL）编号从 KL_1 至 KL_{20}，非框架梁（L）编号从 L_1 至 L_{10}。由结构设计总说明知梁的混凝土强度等级为 C30。以 KL_8（5）、KL_{16}（4）、L_4（3）、L_5（1）为例说明如下。

KL_8（5）是位于①轴的框架梁，5 跨，断面尺寸 300mm×900mm（个别跨与集中标注不同者原位注写，如 300mm×500mm、300mm×600mm）；2 Φ22 为梁上部通长钢筋，箍筋 Φ8@ 100/150（2）为双肢箍，梁端加密区间距为 100mm，非加密区间距150mm；G6 Φ14 表示梁两侧面各设置 3 Φ14 构造钢筋（腰筋）；支座负弯矩钢筋：Ⓐ轴支座处为两排，上排 4 Φ22（其中 2 Φ22 为通长钢筋），下排 2 Φ22；Ⓑ轴支座处为两排，上排 4 Φ22（其中 2 Φ22 为通长钢筋），下排 2 Φ25，其他支座这里不再赘述；值得注意的是，该梁的第一、二跨两跨上方都原位注写了"（4 Φ22）"，表示这两跨的梁上部通长钢筋与集中标注的不同，不是 2 Φ22，而是 4 Φ22；梁断面下部纵向钢筋每跨各不相同，分别原位注写，如双排的 6 Φ25 2/4、单排的 4 Φ22 等。由标准构造详图，可以计算出梁中纵筋的锚固长度，如第一支座上部负弯矩钢筋在边柱内的锚固长度 $l_{aE}=31d=31×22=682$（mm）；支座处上部钢筋的截断位置（上排取净跨的 1/3、下排取净跨的 1/4）；梁端箍筋加密区长度为 1.5 倍梁高。另外还可以看到，该梁的前三跨在有次梁的位置都设置了吊筋 2 Φ18（图中画出）和附加箍筋 3 Φ d@ 50（图中未画出但说明中指出），从距次梁边 50mm 处开始设置。

KL_{16}（4）是位于④轴的框架梁，该梁为弧梁，4 跨，断面尺寸 400mm×1600mm；7 Φ25 为梁上部通长钢筋，箍筋 Φ10@ 100（4）为四肢箍且沿梁全长加密，间距为 100mm；N10 Φ16 表示梁两侧面各设置 5 Φ16 受扭钢筋（与构造腰筋区别是二者的锚固不同）；支座负弯矩钢筋：未见原位标注，表明都按照通长钢筋设置，即 7 Φ25 5/2，

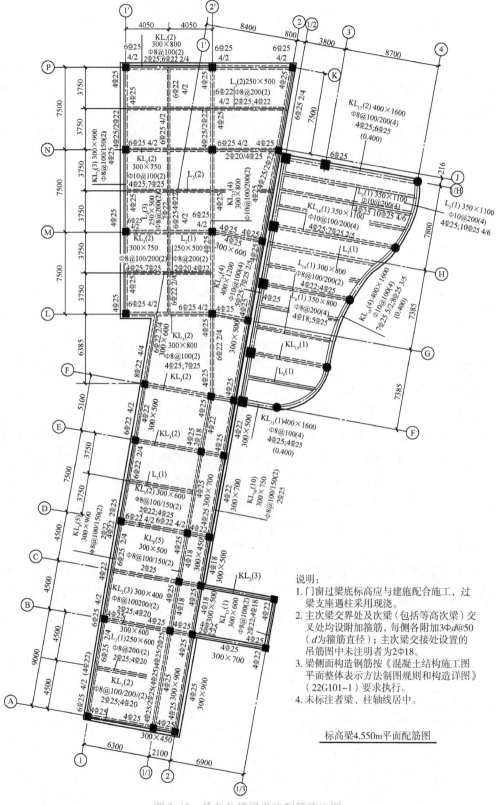

说明：
1. 门窗过梁底标高应与建施配合施工，过梁支座遇柱采用现浇。
2. 主次梁交界处及次梁（包括等高次梁）交叉处均设附加箍筋，每侧各附加3Φd@50（d为箍筋直径）；主次梁交接处设置的吊筋图中未注明者为2Φ18。
3. 梁侧面构造钢筋按《混凝土结构施工图平面整体表示方法制图规则和构造详图》（22G101-1）要求执行。
4. 未标注者梁、柱轴线居中。

标高梁4.550m平面配筋图

图 3-45 某办公楼梁平法配筋施工图

分为两排，上排 5 ⊉ 25，下排 2 ⊉ 25；梁断面下部纵向钢筋各跨相同，统一集中注写，8 ⊉ 25 3/5，分为两排，上排 3 ⊉ 25，下排 5 ⊉ 25。由标准构造详图，可以计算出梁中纵筋的锚固长度，如第一支座上部负弯矩钢筋在边柱内的锚固长度 $l_{aE}=31d=31\times22=682$（mm）；支座处上部钢筋的截断位置；梁端箍筋加密区长度为 1.5 倍梁高。另外还可以看到，此梁在有次梁的位置都设置了吊筋 2 ⊉ 18（图中画出）和附加箍筋 3 ⊉ d@ 50（图中未画出但说明中指出），从距次梁边 50mm 处开始设置；集中标注下方的"（0.400）"表示此梁的顶标高较楼面标高高 400mm。

L$_4$（3）是位于①′~②′轴间的非框架梁，3 跨，断面尺寸 250mm×500mm；2 ⊉ 22 为梁上部通长钢筋，箍筋 ⊉ 8@ 200（2）为双肢箍且沿梁全长间距为 200mm；支座负弯矩钢筋：6 ⊉ 22 4/2，分为两排，上排 4 ⊉ 22，下排 2 ⊉ 22；梁断面下部纵向钢筋各跨不相同，分别原位注写 6 ⊉ 22 2/4 和 4 ⊉ 22。由标准构造详图，可以计算出梁中纵筋的锚固长度（次梁不考虑抗震，因此按非抗震锚固长度取用），如梁底筋在主梁中的锚固长度 $l_a=15d=15\times22=330$（mm）；支座处上部钢筋的截断位置在距支座三分之一净跨处。

L$_5$（1）是位于Ⓗ~1/H 轴间的非框架梁，1 跨，断面尺寸 350mm×1100mm；4 ⊉ 25 为梁上部通长钢筋，箍筋 ⊉ 10@ 200（4）为四肢箍且沿梁全长间距为 200mm；支座负弯矩钢筋：同梁上部通长筋，一排 4 ⊉ 25；梁断面下部纵向钢筋为 10 ⊉ 25 4/6，分为两排，上排 4 ⊉ 25，下排 6 ⊉ 25。由标准构造详图，可以计算出梁中纵筋的锚固长度（次梁不考虑抗震，因此按非抗震锚固长度取用），如梁底筋在主梁中的锚固长度 $l_a=15d=15\times22=330$（mm）；支座处上部钢筋的截断位置在距支座三分之一净跨处。

（四）柱施工平面图

某培训楼柱平法施工图如图 3-46 所示，见表 3-2。

表 3-2 柱表

柱号	标高/m	$b\times h$（圆柱直径 D）/mm×mm	b_1/mm	b_2/mm	h_1/mm	h_2/mm	角筋	b 边一侧中部筋	h 边一侧中部筋	箍筋类型号	箍筋
KZ1	-0.050~19.350	600×600	300	300	300	300	4 ⊉ 25	3 ⊉ 25	3 ⊉ 25	1 (4×4)	⊉ 12@ 100/200
KZ2	-0.050~19.350	600×600	300	300	300	300	4 ⊉ 25	3 ⊉ 22	3 ⊉ 22	1 (4×4)	⊉ 10@ 100/200
KZ3	-0.050~19.350	600×600	300	300	300	300	2 ⊉ 25	2 ⊉ 25	2 ⊉ 25	1 (4×4)	⊉ 10@ 100
KZ4	-0.050~11.950	700×700	350	350	350	350	4 ⊉ 25	3 ⊉ 25	3 ⊉ 25	1 (5×5)	⊉ 12@ 100/200
	11.950~15.650	600×600	300	300	300	300	4 ⊉ 25	3 ⊉ 25	3 ⊉ 25	1 (4×4)	⊉ 10@ 100
KZ5	-0.050~15.650	650×650	325	325	325	325	4 ⊉ 25	2 ⊉ 25	2 ⊉ 25	1 (4×4)	⊉ 12@ 100/200
	15.650~19.350	650×650	325	325	325	325	4 ⊉ 25	2 ⊉ 25	2 ⊉ 25	1 (4×4)	⊉ 10@ 100
KZ6	-0.050~14.150	800	400	400	400	400	18 ⊉ 25	—	—	8	⊉ 12@ 100/200
KZ7	-0.050~14.150	800×800	400	400	400	400	4 ⊉ 25	3 ⊉ 25	3 ⊉ 25	1 (5×5)	⊉ 12@ 100/200

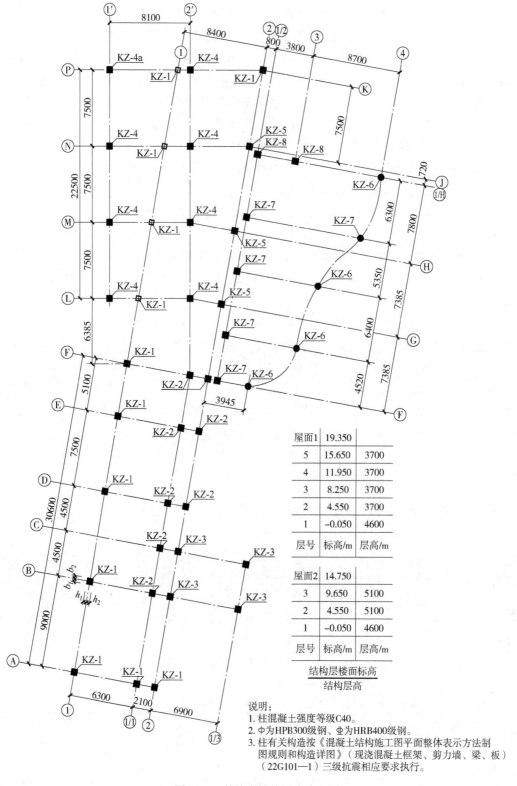

屋面1	19.350	
5	15.650	3700
4	11.950	3700
3	8.250	3700
2	4.550	3700
1	−0.050	4600
层号	标高/m	层高/m

屋面2	14.750	
3	9.650	5100
2	4.550	5100
1	−0.050	4600
层号	标高/m	层高/m

结构层楼面标高
结构层高

说明：
1. 柱混凝土强度等级C40。
2. Φ为HPB300级钢、Φ为HRB400级钢。
3. 柱有关构造按《混凝土结构施工图平面整体表示方法制
   图规则和构造详图》（现浇混凝土框架、剪力墙、梁、板）
   （22G101—1）三级抗震相应要求执行。

图 3-46　某培训楼柱平法施工图

1）图中标注的均为框架柱，共有七种编号。

2）根据设计说明查看该工程的抗震等级，由《混凝土结构施工图平面整体表示方法制图规则和构造详图》（22G101—1）可知构造情况。

3）该图中标柱的标高−0.050～8.250m，即一、二两层（其中一层为底层），层高分别是4.6m、3.7m，框架柱KZ1在一、二两层的净高分别是3.7m、2.8m，所以箍筋加密区范围分别是1250mm、650mm；KZ6在一、二两层的净高分别是3.0m、3.5m，所以箍筋加密区范围分别是1000mm、600mm（为了便于施工，常常将零数人为地化零为整）。

四、屋面结构施工图的实例识读

（一）屋（楼）面板

楼面板局部配筋图如图3-47所示。

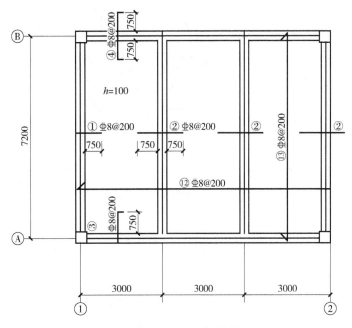

图3-47　楼面板局部配筋图

1）板下部短边方向钢筋为12号钢筋 Φ8@200，长边方向钢筋为13号钢筋 Φ8@200。

2）上部短边方向一边支座钢筋为1号钢筋 Φ8@200，中间支座钢筋为2号钢筋 Φ8@200，梁边缘伸出长度为750mm。

3）板上部沿长边方向边支座钢筋为3号钢筋 Φ8@200，梁边缘伸出长度750mm，中间支座钢筋为4号钢筋 Φ8@200，梁边缘伸出长度为750mm。

 **知识扩展**

屋面板作基层的平瓦屋面

屋面板作基层的平瓦屋面是在檩条或椽子上钉屋面板，屋面板上满铺一层防水卷材，用顺水条（又称压毡条）将卷材钉牢，顺水条的方向应垂直于檐口，顺水条上钉挂瓦条挂瓦。其特点是由瓦缝渗漏的雨水被阻于防水卷材之上，沿顺水条排除，屋顶保温效果较好。

（二）天沟板结构详图

天沟板结构详图如图 3-48 所示。

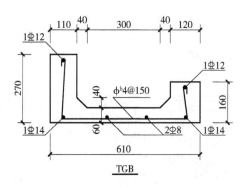

TGB

图 3-48 天沟板结构详图

图中是用于屋面的预制天沟板（TGB）的横断面图。它是非定型的预制构件，故需画出结构详图。本例天沟板的板长有 3300mm 和 4000mm 两种。

 **知识扩展**

天沟板

屋面排水分为有组织排水和无组织排水（自由排水），有组织排水一般是把雨水集到天沟内再由雨水管排下，集聚雨水的沟被称为天沟，天沟分为内天沟和外天沟，内天沟是指在外墙以内的天沟，一般有女儿墙；外天沟是挑出外墙的天沟，一般没有女儿墙。天沟多用镀锌薄钢板或石棉水泥制成。外天沟在建筑上，天沟的工程量按设计尺寸以体积计算，不扣除构件内钢筋及预埋铁件体积。

（三）屋架结构图

屋架结构图如图 3-49 所示。

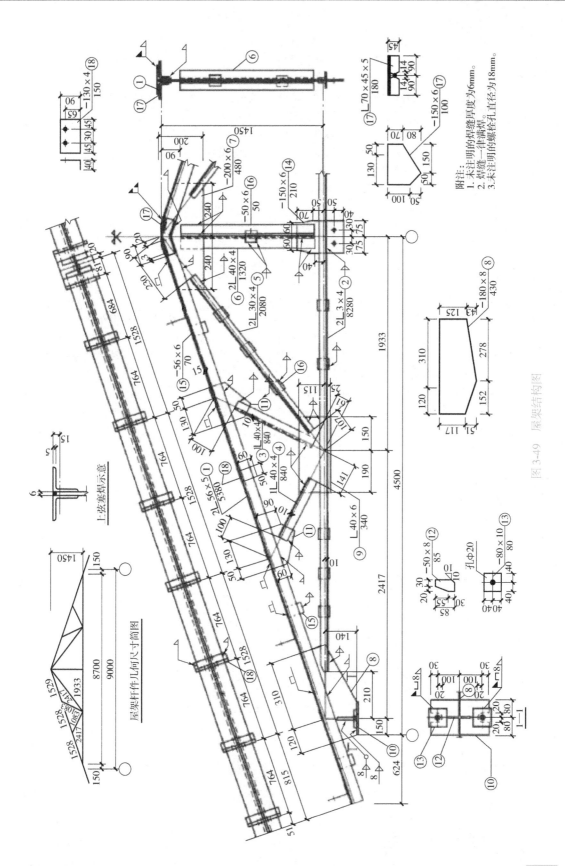

图3-49 屋架结构图

从图中可以了解的内容如下：

1）由立面图及上弦杆①的斜视图可看出，上弦杆是由两根等边角钢（∟56×5）背靠背（⌐⌐）组成。

2）根据屋脊节点图可看出，节点板厚度为6mm。上弦杆缀板⑮厚度也为6mm，间隔一定距离设置。在上弦杆上为了安放檩条，设置了檩条托⑱。具体尺寸由右上角的详图标明。檩条托⑱通过角焊缝焊接在上弦杆上。由斜视图可知，檩条托⑱间隔764mm或68mm设置一个。由檩条托⑱的详图可知，该檩条托与檩条通过两个M13的螺栓连接，图中把螺栓孔涂黑。

3）从立面图和侧面图可知下弦杆②由两根背靠背（⌐⌐）的角钢（∟30×4）组成，中间由缀板⑯相连。

4）由立面图和侧面图可知竖杆⑥是由两根相错（⌐⌐）的角钢（∟40×4）组成，一根在节点板之前，一根在节点板之后。它们之间夹有三块缀板。

5）斜杆⑤是由两根角钢组成，而斜杆③、④则是由一根角钢构成。斜杆③在节点板⑨之后，斜杆④在节点板⑨之前。

6）由立面图、1—1剖面图可知节点板⑧夹在上、下弦角钢之间，用角焊缝和塞焊连接上弦杆。底板⑩是水平放置的一块矩形钢板，它与直立的节点板⑧焊在一起。

7）为了加强刚度，在节点板与底板之间焊了两块加劲板⑫。底板⑩上有两个缺口，以便使墙内预埋螺栓穿过，然后把两块垫板⑬套在螺栓上再拧以螺母。垫板是在安装后与底板⑩焊接的，因此采用了现场焊接符号表示。

8）为了加强左、右两上弦杆的连接，屋脊节点处除了节点板⑦外，还有前后两块拼接角钢⑰。由节点⑰详图可知，拼接角钢是由不等边角钢（∟70×45×5）在中部裁切掉V形后弯折而成的，并与上弦杆件焊接在一起。

知识扩展

屋架类型

建筑常采用三角形屋架，用来架设檩条以支承屋面荷载，如图3-50所示。通常屋架搁置在房屋纵向外墙或柱墩上，使建筑有较大的使用空间。

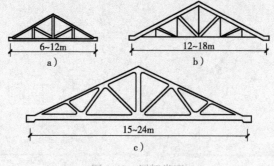

图3-50　屋架类型

（四）屋面支撑布置图

屋面支撑布置图如图3-51所示。

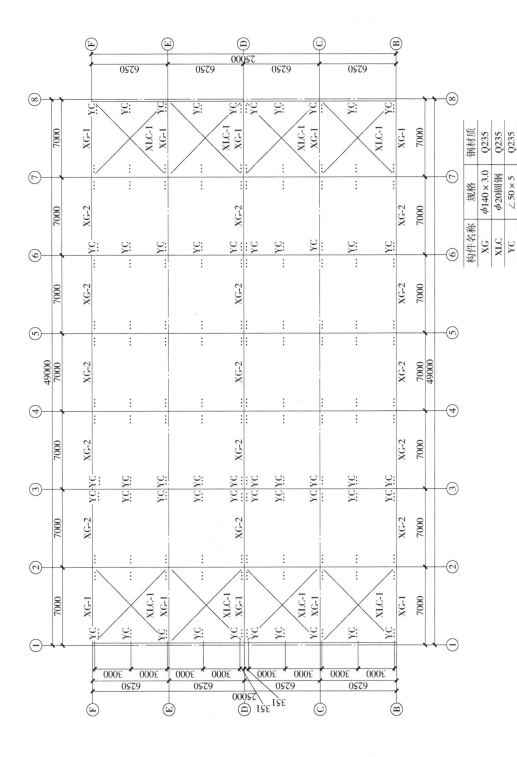

构件名称	规格	钢材材质
XG	$\phi140 \times 3.0$	Q235
XLC	$\phi20$圆钢	Q235
YC	$\angle50 \times 5$	Q235

图3-51 屋面支撑布置图

从图中可以了解的内容如下：

1）厂房总长 49m，仅在端部柱间布置支撑。

2）XG 是系杆的简称，共布置三道通长的系杆，边柱顶部两道，屋脊处一道。其次在有水平支撑的地方布置，根据系杆的长度不同分为 XG-1，XG-2。从构件表中得知系杆的尺寸为 Φ140×3.0 的无缝钢管，钢材质为 Q235。

3）XLC 是斜拉撑的简称，即水平支撑，一个柱间布置 4 道，间距 6250mm，XLC 的尺寸为 Φ20 圆钢，钢材质为 Q235。圆钢支撑应采用特制的连接件与梁柱腹板连接，经校正定位后张紧固定。圆钢支撑与刚架构件的连接，可直接在刚架构件腹板上靠外侧设孔连接。当圆钢直径大于 25mm 或腹板厚度不大于 5mm 时，应对支撑孔周围进行加强。圆钢支撑与刚架的连接宜采用带槽的专用楔形垫块，或在孔两侧焊接弧形支承板。圆钢端部应设螺纹，并宜采用花篮螺栓张紧。

4）YC 是隔撑的简称，在屋面梁上每间隔 3m 布置一道，隔撑的尺寸为 ∠50×5。隔撑宜采用单角钢制作，隔撑可连接在刚架构件下（内）翼缘附近的腹板上距翼缘不大于 100mm 处，也可连接在下（内）翼缘上。隔撑与刚架、檩条或墙梁应采用螺栓连接，每端通常采用单个螺栓。隔撑与刚架构件腹板的夹角不宜小于 45°。

五、钢筋混凝土构件施工图的实例识读

（一）楼梯结构平面图识读

1. 某住宅楼楼梯平面图

某住宅楼楼梯平面图如图 3-52 所示。

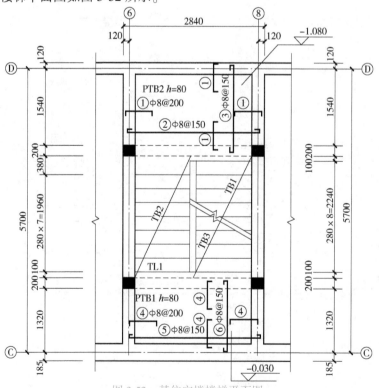

图 3-52　某住宅楼楼梯平面图

1）图中"280×7＝1960"表示楼梯踏面宽度为280mm，踏步数为7踏，楼梯梯板净跨度为1960mm。

2）图中"PTB1 h＝80"表示编号为1的平台板，平台板厚度为80mm。"④Φ8@200"表示1号平台板中编号为④的负筋（工地施工人员通常称之为爬筋或扣筋），钢筋直径为8mm，钢筋强度等级为HPB300级，钢筋间距为200mm。

3）图中"⑤Φ8@150"表示1号平台板中编号为⑤的板底正筋（工地施工人员通常称之为底筋），钢筋长度为板的跨度值，钢筋强度等级为HPB300级，钢筋直径为8mm，钢筋间距为150mm。

4）图中" $\underline{\underline{\smallsmile}}^{-0.030}$ "表示1号平台板顶面结构标高值为-0.030m（相对建筑标高为±0.000）。

5）图中"⑥Φ8@150"表示1号平台板短向跨度板底编号为⑥的正筋。钢筋强度等级为HPB300级，钢筋直径为8mm，钢筋间距为150mm，沿板长跨方向均匀布置。

2. 楼梯结构平面图

某楼梯结构平面图如图3-53所示。

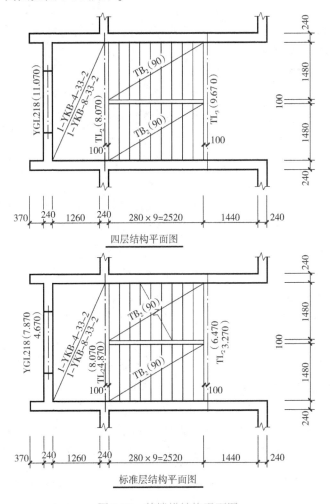

图 3-53 某楼梯结构平面图

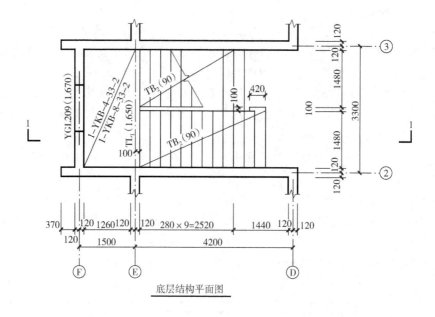

底层结构平面图

图 3-53 某楼梯结构平面图（续）

1）楼层结构平面图中虽然也包括了楼梯间的平面位置，但因比例较小（1：100），不易把楼梯构件的平面布置和详细尺寸表达清楚，而底层又往往不画底层结构平面图。因此楼梯间的结构平面图通常需要用较大的比例（如1：50）另行绘制。楼梯结构平面图的图示要求与楼层结构平面图基本相同，它也是用水平剖面图的形式来表示的，但水平剖切位置有所不同。为了表示楼梯梁、梯段板和平台板的平面布置，通常把剖切位置放在层间楼梯平台的上方；底层楼梯平面图的剖切位置在一、二层间楼梯平台的上方；二（三）层楼梯平面图的剖切位置在二、三（三、四）层间楼梯平台的上方；本例四层（即顶层）楼面以上无楼梯，则四层楼梯平面图的剖切位置就设在四层楼面上方的适当位置。

2）楼梯结构平面图应分层画出，当中间几层的结构布置和构件类型完全相同时，则只要画出一个标准层楼梯平面图。

3）楼层结构平面图中各承重构件，如楼梯梁（TL）、楼梯板（TB）、平台板（YKB）、窗过梁（YGL）和圈梁（QL）等的表达方式和尺寸注法与楼层结构平面图相同，这里不再赘述。在平面图中，梯段板的折断线按投影法理应与踏步线方向一致，为避免混淆，按制图标准规定画成倾斜方向。在楼层结构平面图中除了要注出平面尺寸外，通常还需注出各种梁底的结构标高。

（二）楼梯剖面图

1. 楼梯剖面图

某楼梯剖面图如图 3-54 所示。

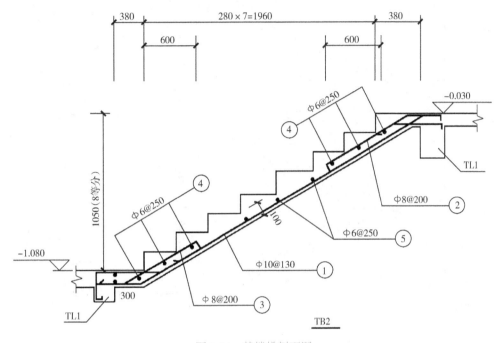

图 3-54 某楼梯剖面图

1）图中"280×7 = 1960"表示楼梯梯段踏步宽度为 280mm，踏步数为 7 踏，楼梯段净跨值为 1960mm。

2）图中楼梯段梯板板底筋"Φ10@ 130"表示钢筋强度等级为 HPB300 级，钢筋直径为 10mm，钢筋间距为 130mm，钢筋编号为①。

3）图中楼梯段梯板分布钢筋"Φ6@ 250"表示梯板板底筋沿板跨方向全跨均匀布置，分布钢筋直径为 6mm，钢筋强度等级为 HPB300 级，钢筋间距为 250mm，钢筋编号为④。

4）楼梯板顶部支座处钢筋：编号为②，钢筋直径为 8mm，钢筋强度等级为 HPB300 级，钢筋间距为 200mm。伸入楼梯板净跨的水平长度为 600mm。

5）楼梯板中部注写值"100"表示楼梯板最小厚度值。

2. 某楼梯结构剖面图

某楼梯结构剖面图如图 3-55 所示。

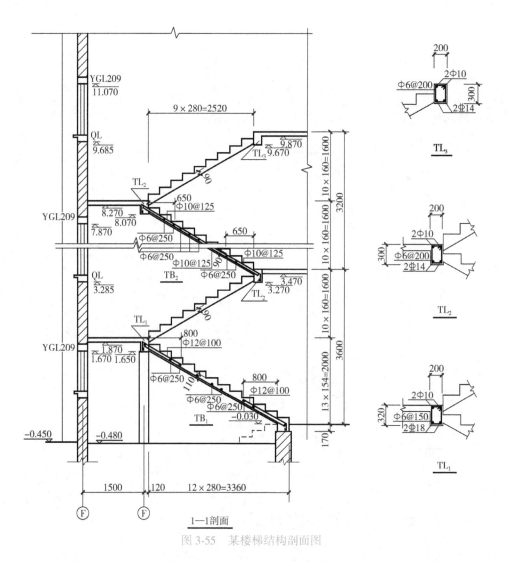

图 3-55　某楼梯结构剖面图

1）楼梯的结构剖面图是表示楼梯间的各种构件的竖向布置和构造情况的图样，由楼梯结构平面图中所画出的剖切线的剖视方向而得到。

2）它表明了剖切到的梯段（TB_1，TB_2）的配筋、楼梯基础墙、楼梯梁（TL_1，TL_2，TL_3）、平台板（YKB）、部分楼板、室内外地面和踏步以及外墙中窗过梁（YGL209）和圈梁（QL）等的布置，还表示出未剖切到梯段的外形和位置。与楼梯平面图相类似，楼梯剖面图中的标准层可利用折断线断开，并采用标注不同标高的形式来简化。

3）在楼梯结构剖面图中，应标注出轴线尺寸、梯段的外形尺寸和配筋、层高尺寸以及室内外地面和各种梁、板底面的结构标高等。

在图的右侧，还分别画出了楼梯梁（TL_1，TL_2，TL_3）的断面形状、尺寸和配筋。

（三）楼梯构件详图

某框架结构楼梯构件详图如图 3-56 所示。

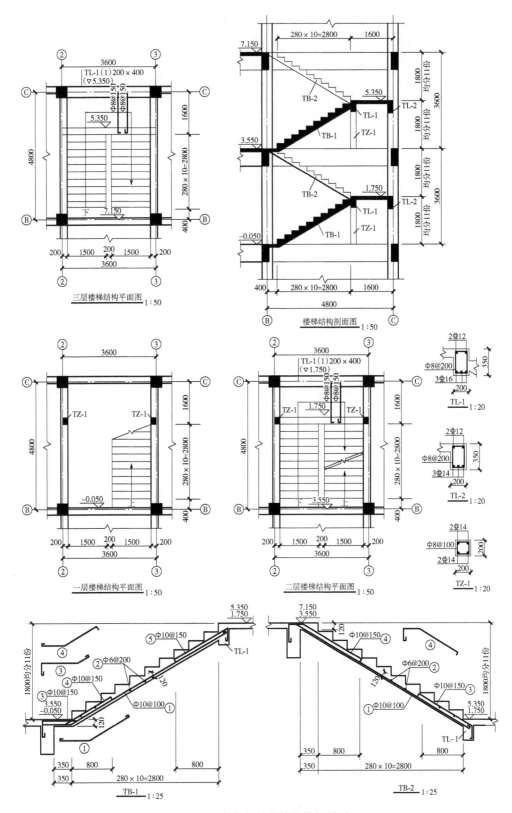

图 3-56 某框架结构楼梯构件详图

1) 从图中可以看出该楼梯为两跑楼梯，而且一层~二层的楼梯和二层~三层的楼梯相同，第一个梯段都是 TB-1，第二个梯段都是 TB-2。TB-2 都是一端支撑在框架梁上，一端支撑在楼梯梁 TL-1 上。两个楼梯段与框架梁相连处都有一小段水平板，所以这两个楼梯板都是折板楼梯。TL-1 的两端支撑在楼梯柱 TZ-1 上，TZ-1 支撑在基础拉梁（一层）或框架梁（二层）上。楼梯休息平台梯端支撑在 TL-1 上，一端支撑在 TL-2 上。TL-2 的两端支撑在框架柱上。在框架结构中填充墙是不受力的，所以楼梯梁不能支撑在填充墙上。

2) 楼梯板的配筋可从 TB-1 和 TB-2 的配筋详图中得知，比如 TB-1 的板底受力钢筋为①号筋Φ10@100；左支座负筋为③号钢筋Φ10@150 和④号钢筋Φ10@150，因为该楼梯左支座处为折板楼梯，支座负筋需要两根钢筋搭接；右支座负筋为⑤号钢筋Φ10@150，板底分布钢筋为②号钢筋Φ6@200。为了表示①、③、④号钢筋的详细形状，图中还画出了它们的钢筋详图。TB-1 的板厚为 120mm，注意水平段厚度也是120mm。TB-2 的配筋请读者自己阅读。

（四）烟囱施工图的实例识读

1) 钢筋混凝土烟囱外形图如图 3-57 所示。

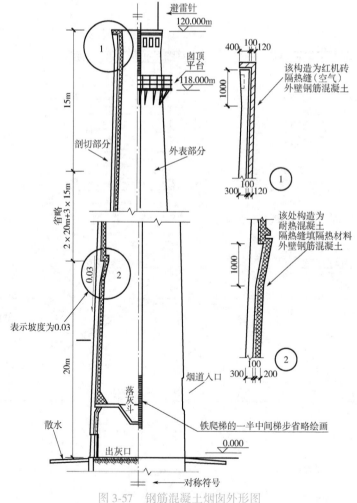

图 3-57 钢筋混凝土烟囱外形图

1）图中可以看出，烟囱高度从地面作为±0.000点算起有120m高。±0.000以下为基础部分，另有基础图样，囱身外壁为3%的坡度，外壁为钢筋混凝土简体，内衬为耐热混凝土，上部内衬由于烟气温度降低采用机制黏土砖。

2）囱身分为若干段，如图上标出的尺寸，有15m段及20m段两种尺寸。并在分段处的节点构造用圆圈画出，另绘详图说明。

3）壁与内衬之间填放隔热材料，而不是空气隔热层。在囱身底部有烟囱入口位置和落灰斗及下部的出灰口等，可以结合识图注解把外形图看明白。

2）钢筋混凝土烟囱基础图如图3-58所示。

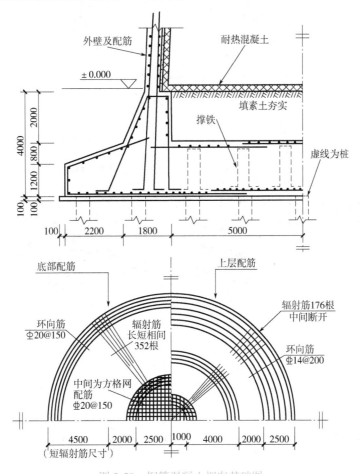

图3-58 钢筋混凝土烟囱基础图

1）从图中可知，底板的埋深为4m；基础底的直径为18m；底板下有100mm素混凝土垫层；桩基头伸入底板100mm；底板厚度为2m。

2）可以看出底板和基筒以及筒外伸肢底板等处的配筋构造。

3）底板配筋可以看出分为上下两层的配筋，且分为环向配筋和辐射向配筋两种。具体配筋如图上注明的规格及间距。

4）竖向剖面图可以看出，烟囱壁处的配筋构造和向上伸入上部筒体的插筋。同时可以看出伸出肢的外挑处的配筋。其使用钢筋的等级和规格及间距图上也做了注明。

3) 钢筋混凝土烟囱局部详图如图 3-59 所示。

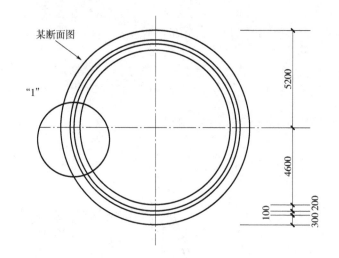

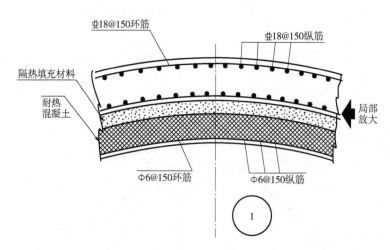

图 3-59　钢筋混凝土烟囱局部详图

1）该横断面外直径为 10.4m，壁厚为 300mm，内为 100mm 隔热层和 200mm 的耐热混凝土。

2）外壁为双层双向配筋，环向内外两层钢筋；纵向也是内外两层配筋。配筋的规格和间距图上均有注明，读者可以结合识图查看。应注意的是在内衬耐热混凝土中，也配置了一层竖向和环向的构造钢筋，以防止耐热混凝土产生裂缝。

3）在这里要说明的是该图仅截取其中某一高度的水平剖切面的情形，实际施工图往往是在每一高度段都有一个水平剖面图，来说明该处的囱身直径、壁厚、内衬的尺寸和配筋情况。

4) 钢筋混凝土烟囱顶部平台构造图如图 3-60 所示。

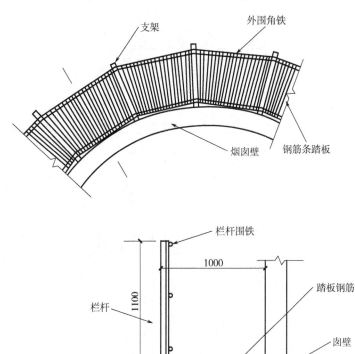

图 3-60 钢筋混凝土烟囱顶部平台构造图

1) 从图中可知，平面图由支架、烟囱壁、外围角铁和钢筋条踏板组成。
2) 构造图中标明了各部分的详细尺寸，施工时照此施工即可。

（五）水塔施工图的实例识读

1）钢筋混凝土水塔立面图如图 3-61 所示。

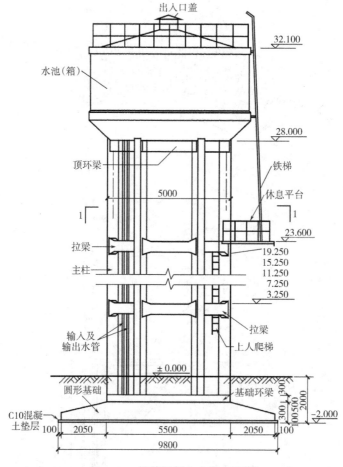

图 3-61　钢筋混凝土水塔立面图

1）图中可以看出水塔构造比较简单，顶部为水箱，底标高为 28.000m，中间是相同构造的框架（柱和拉梁），因此用折断线省略绘制相同部分。

2）在相同部位的拉梁处用 3.250m、7.250m、11.250m、15.250m、19.250m、23.600m 标高标志，说明这些高度处构造相同。下部基础埋深为 2m，基底直径为 9.80m。

3）此外还标志出爬梯位置、休息平台，水箱顶上有检查口（出入口）、周围栏杆等。

4）在图上用标志线做了各种注解，说明各部位的名称和构造。

2）钢筋混凝土水塔基础图如图 3-62 所示。

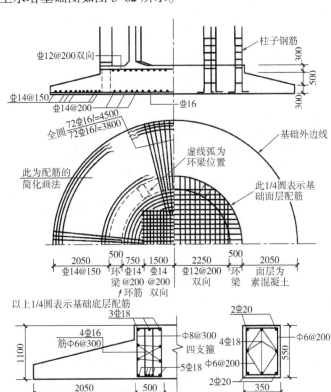

图 3-62　钢筋混凝土水塔基础图

1）图中表明底板直径、厚度、环梁位置和配筋构造。可以读出直径为 9.8m，厚度为 1.10m，四周有坡台，坡台从环梁边外伸 2.05m，坡台下厚 300mm，坡高500mm。上部还有 300mm 台高才到底板上平面。这些都是木工支模时应记住的尺寸。

2）底板和环梁的配筋，由于配筋及圆形的对称性，用 1/4 圆表示基础底板的上层配筋构造，是Φ12 间距 200mm 的双向方格网配筋，范围在环梁以内，钢筋伸入环梁锚固。钢筋长度随环梁外周直径变化。另外 1/4 圆表示下层配筋，这是由中心方格网Φ14@ 200 和外部环向筋Φ14（在环梁内间距 200mm，外部间距 150mm）、辐射筋Φ16（长的 72 根和短的 72 根间）组成了底部配筋布置。

3）图上还绘有环梁构造的横断面配筋图和柱子配筋断面图，根据它们的尺寸可以支模和配置钢筋施工。

3) 钢筋混凝土水塔支架构造图如图3-63所示。

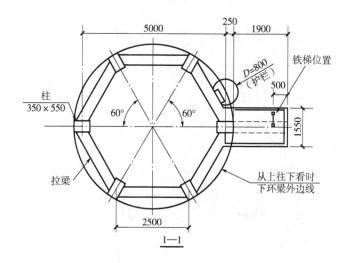

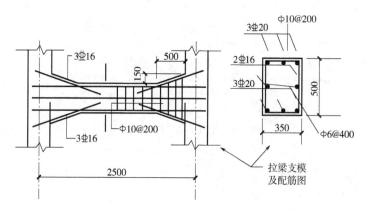

图 3-63　钢筋混凝土水塔支架构造图

1）图中可以看出框架的平面形状，它是立面图上1—1剖面的投影图。这个框架是六边形的；有6根柱子，6根拉梁，柱与对称中心的连线在相邻两柱间为60°角。平面图上还表示了中间休息平台的位置、尺寸和铁爬梯位置等。

2）拉梁的配筋构造图，表明拉梁的长度、断面尺寸、所用钢筋规格。图上还可看出拉梁两端与柱连接处的断面有变化，在纵向是成一八字形，因此在支模时应考虑模板的变化。

4）钢筋混凝土水塔水箱配筋图如图 3-64 所示。

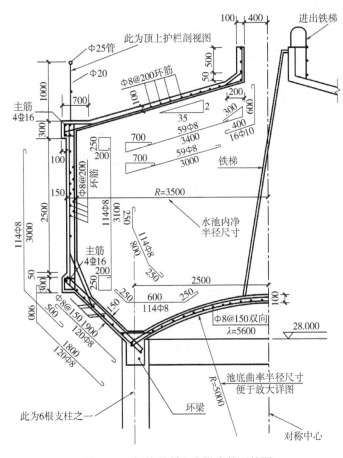

图 3-64　钢筋混凝土水塔水箱配筋图

1）图中可以看到水箱内部铁梯的位置、周围栏杆的高度以及水箱外壳的厚度、配筋等结构情况。

2）图上看出水箱是圆形的，因为图中标志的内部净尺寸用 $R=3500$mm 表示；它的顶板为斜的、底板是圆拱形的、外壁是折线形的，由于圆形的对称性，所以结构图只绘了一半水箱大小。

3）图上可以看出顶板厚 100mm，底下配有 Φ8 钢筋。水箱立壁是内外两层钢筋，均为 Φ8 规格，图上根据它们不同形状绘在立壁内外，环向钢筋内外层均为 Φ8 间距 200mm。在立壁上下各有一个环梁加强筒身，内配 4 根 Φ16 钢筋。底板配筋为两层双向 Φ8 间距 200mm 的配筋，对于底板的曲率，应根据图上给出的 $R=5000$mm 放出大样，才能算出模板尺寸配置形式和钢筋的确切长度。

4）水塔图样中，水箱部分是最复杂的地方，钢筋和模板不是从简单地看图中就可以配料和安装的，必须对图样全部看明白后，再经过计算或放实体大样，才能准确备料进行施工。

5）钢筋混凝土水塔休息平台详图如图3-65所示。

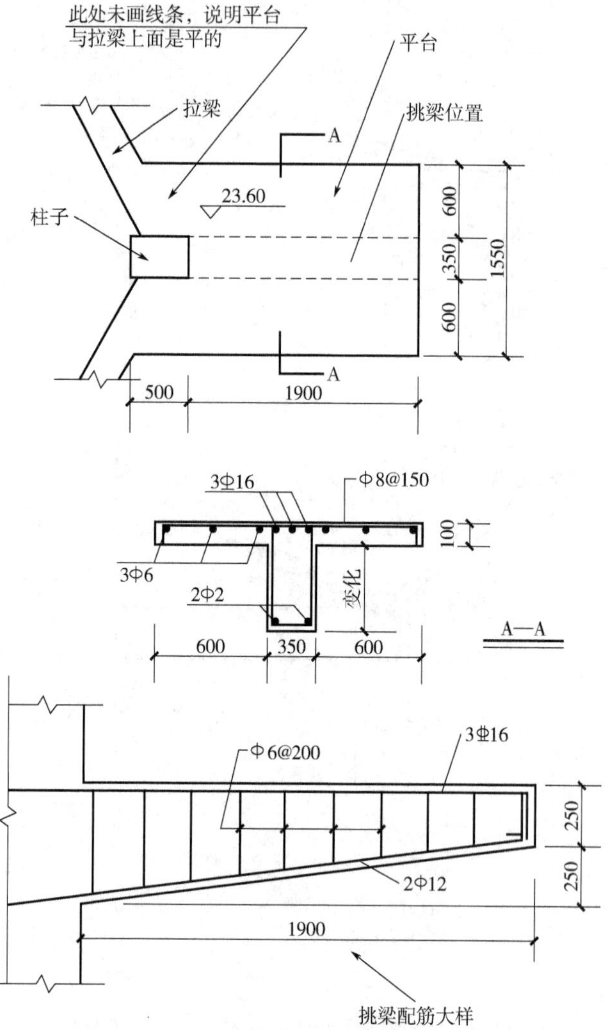

图3-65　钢筋混凝土水塔休息平台详图

1）图中的平台大样图主要介绍平台的大小、挑梁的尺寸以及它们的配筋。

2）图上可以看出平台板与拉梁上标高一样平，因此图上就没有了连接部分拉梁外侧线。平台板厚10cm，悬挑在挑梁的两侧。

3）配筋是Φ8间距150mm；挑梁是柱子上伸出的，长1.9m，断面由500mm高变为250mm高，上部是主筋用3Φ16，下部是架立钢筋用2Φ12；箍筋为Φ6间距200mm，随断面变化尺寸。

（六）蓄水池施工图的实例识读

1）钢筋混凝土蓄水池竖向剖面图如图 3-66 所示。

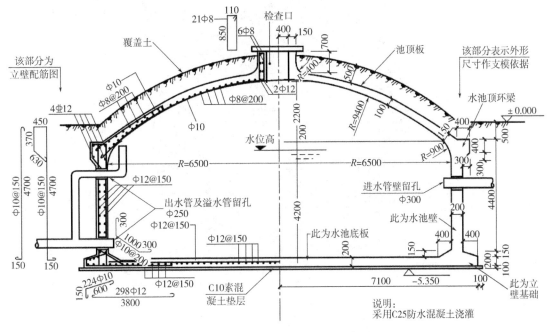

图 3-66　钢筋混凝土蓄水池竖向剖面图

1）图中可以看出水池内径是 13.00m，埋深是 5.350m，中间最大净高度是 6.60m，四周外高度是 4.85m。底板厚度为 200mm，池壁厚也是 200mm，圆形拱顶板厚为 100mm。立壁上部有环梁，下部有趾形基础。顶板的拱度半径为 9.40m（图上 $R=9400$mm）。以上这些尺寸都是支模、放线应该了解的。

2）该图左侧标志了立壁、底板、顶板的配筋构造。主要具体标出立壁、立壁基础、底板坡脚的配筋规格和数量。

3）立壁的竖向钢筋为 Φ10 间距 150mm，水平环向钢筋为 Φ12 间距 150mm。由于环向钢筋长度在 400mm 以上，因此配料时必须考虑错开搭接，这是看图时应想到的。其他图上均有注写，读者可以自行理解。

4）图样右下角还注明采用 C25 防水混凝土进行浇筑，这样施工时就能知道浇筑的混凝土不是普通的混凝土，而是具有防水性能的 C25 混凝土。

2）钢筋混凝土水池顶、顶板配筋图如图3-67所示。

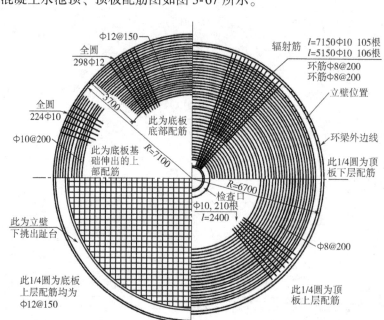

图 3-67　钢筋混凝土水池顶、顶板配筋图

1）图中可以看到左半圆是底板的配筋，分为上下两层，可以结合剖面图看出。底板下层中部没有配筋，仅在立壁下基础处有钢筋，沿周长分布。基础伸出趾的上部环向配筋为Φ10间距200mm，从趾的外端一直放到立壁外侧边，辐射钢筋为Φ10，其形状在剖面图上像个横写丁字，全圆共用辐射钢筋224根，长度是0.75m。立壁基础底层钢筋也分为环向钢筋，用的是Φ12间距150mm，放到离外圆3.7m为止。辐射钢筋为Φ12，其形状在剖面图上呈一字形，全圆共用辐射钢筋298根，长度是3.80m。

2）底板的上层钢筋，在立壁以内均为Φ12间距150mm的方格网配筋。

3）在右半面半个圆是表示顶板配筋图。其看图原理是一样的。这中间应注意的是顶板像一只倒扣的碗，因此辐射钢筋的长度，不能只从这张配筋平面图上简单地按半径计算，而应考虑到它的曲度的增长值。

（七）料仓施工图的实例识读

1）料仓剖面图如图 3-68 所示。

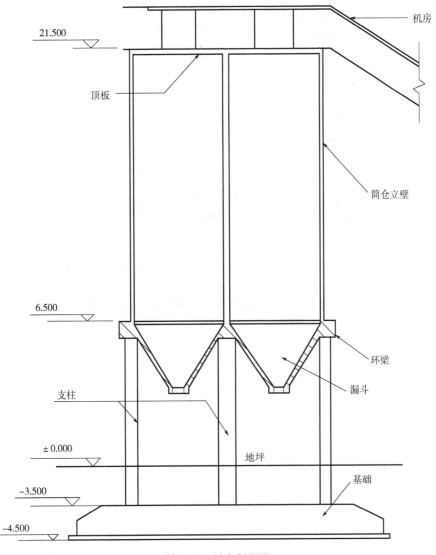

图 3-68 料仓剖面图

1）图中可以看出仓的外形高度——顶板上标高是 21.50m，环梁处标高是 6.50m，基础埋深是 4.50m，基础底板厚为 1m。还可以看出筒仓的大致构造，顶上为机房，15m 高的筒体是料库，下部是出料的漏斗，这些部件的荷重通过环梁传给柱子，再传到基础。

2）看出筒仓和环梁仅在相邻处有连接，其他处均为各自独立的筒体。因此看了图就应考虑放线和支模时有关的应特别注意的地方。

2）筒仓壁部分配筋图如图 3-69 所示。

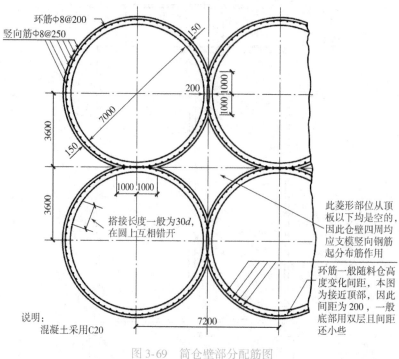

图 3-69　筒仓壁部分配筋图

1）图中可以看出筒仓的尺寸大小，如内径为 7.0m、壁厚为 150mm、两个仓相连部分的水平距离是 2m、筒仓中心相互尺寸是 7.20m，这些尺寸给放线和制作安装模板提供了依据。

2）看配筋构造，它分为竖直方向和水平环向的钢筋，图上可以看到的环筋是圆形黑线，有部分搭接，竖向钢筋是被剖切成一个个圆点。图上都标有间距尺寸和规格大小。由于选取的是仓壁上部的剖面图，钢筋仅在外围单层配筋；如选取下部配筋，一般在壁内有双层配筋，钢筋比较多，也稍复杂些，看图原理是一样的。

3）应考虑竖向钢筋在长度上的搭接、互相错开的位置和数量，同时也可以想象得出整个钢筋绑完后，就像一个巨大的圆形笼子。

3）筒仓底部出料漏斗构造图如图3-70所示。

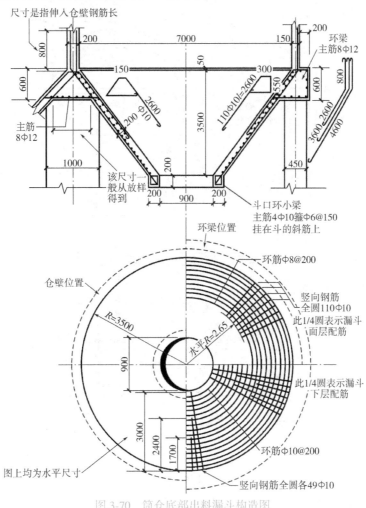

图 3-70 筒仓底部出料漏斗构造图

1）图中漏斗深度为3.55m，结合立面图可以算出漏斗出口底标高为2.75m。这个高度可以使一般翻斗汽车开进去装料，否则就应作为看图的疑问提出对环梁标高，或漏斗深度尺寸是否确切的怀疑。再可看出漏斗上口直径为7.00m，出口直径是900mm，漏斗壁厚为200mm，漏斗上部吊挂在环梁上，环梁高度为600mm。根据这些尺寸，可以算出漏斗的坡度，各有关处圆周直径尺寸作为计算模板的依据，或作为木工放大样的依据。

2）从配筋构造中可以看出各部位钢筋的配置。漏斗钢筋分为两层，图样采用竖向剖面和水平投影平面图将钢筋配置做了标志。上层仅上部半段有斜向钢筋Φ10共110根，环向钢筋Φ8间距200mm。下层钢筋在整个斗壁上分布，斜向钢筋是Φ10，分为三种长度，每种全圆上共49根，环向钢筋是Φ10间距200mm。漏斗口为一个小的环梁加强斗口。环向主筋是4根Φ10，小钢箍150mm见方，间距是150mm。斗上下层的斜筋钩住下面的一根主筋，使小环梁与斗壁形成一个整体。

4）筒仓顶板配筋及构造图如图 3-71 所示。

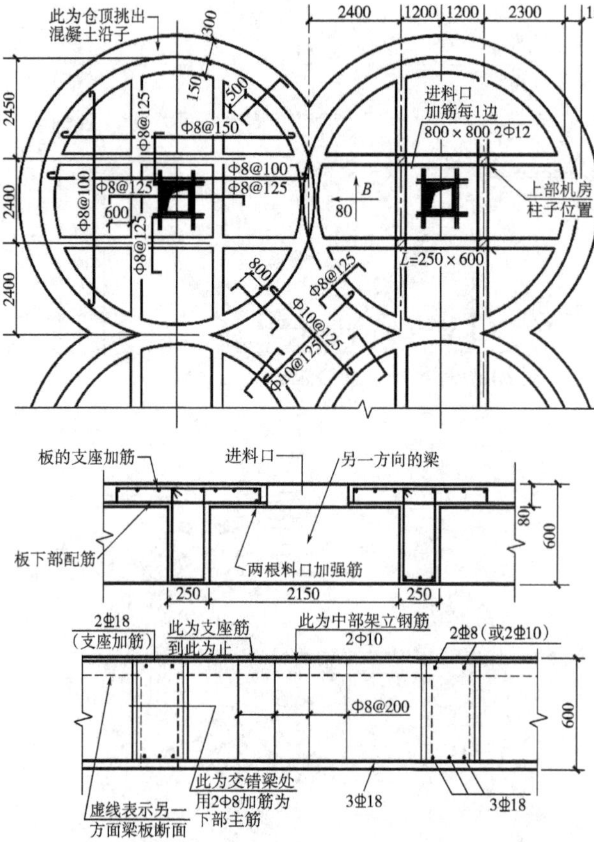

图 3-71　筒仓顶板配筋及构造图

1）从图中可知，每仓顶板由 4 根梁组成井字形状，支架在筒壁上。梁的上面是一块周边圆形并带 300mm 出沿的钢筋混凝土板。

2）梁的横断面尺寸是宽 250mm、高 600mm。梁的井字中心距离是 2.40m，梁中心到仓壁内侧的尺寸是 2.30m。板的厚度是 800mm，钢筋是双向配置。图上用十字符号表示双向，B 表示板，80 表示厚度。

3）板中间有一进料孔 800mm 见方，施工时必须留出，洞边还有各边加 2 Φ 10 钢筋也需放置。板的配筋在外围几块，由于圆周的变化，钢筋长度也是变化的，配料时必须计算。

4）梁的配筋在两梁交叉处要加双箍，这在配料绑扎时应注意。

5）梁上有钢筋切断处的标志点，以便计算梁上支座钢筋的长度，但本图上未注写支座到切断点尺寸，作为看图后应向设计人员提出的地方。不过根据一般经验，它的支座钢筋的一边长度可以按该边梁的净跨的 1/3 长计算，总长度为两边梁长的和的1/3 加梁座宽即得。

6）图上在井字梁交点处的阴线部位注出上面有机房柱子，因此看图时就应去查机房的图，以便在筒仓顶板施工时做好准备，如插柱子、插筋等。

（八）钢筋混凝土梁结构详图

1）某钢筋混凝土梁结构详图如图3-72所示。

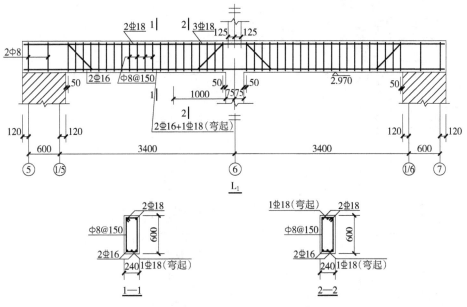

图3-72 某钢筋混凝土梁结构详图

　　钢筋混凝土梁的结构一般用立面图和断面图表示。图中为两跨钢筋混凝土梁的立面图和断面图。该梁的两端搁置在砖墙上，中间与钢筋混凝土柱连接。由于两跨梁上的断面、配筋和支承情况完全对称，则可在中间对称轴线（轴线⑥）的上下端部画上对称符号。这时只需要在梁的左边一跨内画出钢筋的配置详图（图中右边一跨也画出了钢筋配置，当画出对称符号后，右边一跨可以只画梁外形），并标注出各种钢筋的尺寸。

　　梁的跨中下面配置3根钢筋（即2Φ16+1Φ18），中间的1根Φ18钢筋在近支座处按45°方向弯起，弯起钢筋上部弯平点的位置离墙或柱边缘距离为50mm。墙边弯起钢筋伸入到靠近梁的端面（留一保护层厚度）；柱边弯起钢筋伸入梁的另一跨内，距下层柱边缘为1000mm。由于HRB400级钢筋的端部不做弯钩，因此在立面图中当几根纵向钢筋的投影重叠时，就反映不出钢筋的终端位置。现规定用45°方向的短粗线作为无弯钩钢筋的终端符号。梁的上面配置两根通长钢筋（即2Φ18），箍筋为Φ8@150。按构造要求，靠近墙或柱边缘的第一道箍筋的距离为50mm，即与弯起钢筋上部弯平点位置一致。在梁的进墙支座内布置两道箍筋。梁的断面形状、大小及不同断面的配筋，则用断面图表示。1—1为跨中断面，2—2为近支座处断面。除了详细注出梁的定形尺寸和钢筋尺寸外，还应注明梁底的结构标高。

　　2）某钢筋混凝土梁（L-1）构件详图如图3-73所示。

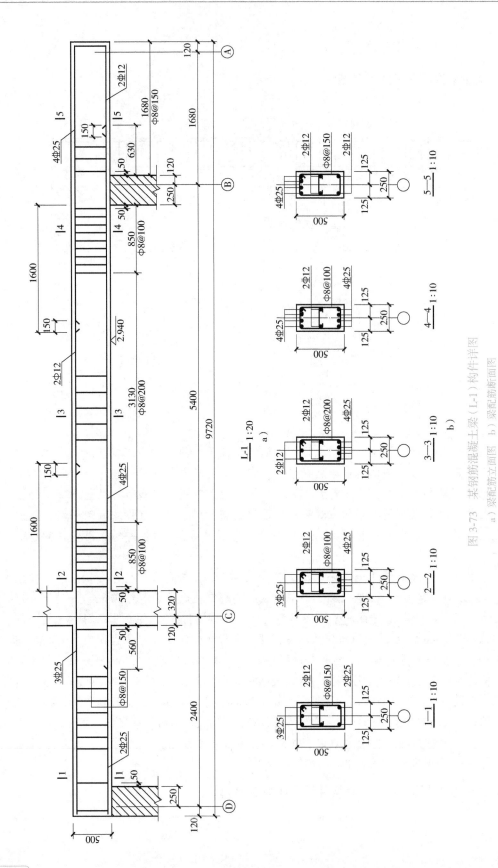

图 3-73 某钢筋混凝土梁（L-1）构件详图

a）梁配筋立面图 b）梁配筋断面图

1）对照立面图和断面图可以看出，本配筋图表示的 L-1 梁，高为 500mm，梁宽 250mm，布置在Ⓐ轴线到Ⓓ轴线间。其中，梁在Ⓑ和Ⓓ轴线处支撑在砖墙上，在Ⓒ轴线处支撑在柱 Z-1 上，支座之间的轴线距离分别为 2.4m 和 5.4m。在Ⓐ和Ⓑ轴线间，是悬挑梁，悬挑长度 1.68m，这段梁是雨篷梁。梁全长为 9.72m，梁底标高为 2.940m。此立面图的比例是 1：20，断面图的比例是 1：10。

2）L-1 梁 2.4m 跨的下部纵向钢筋为 2 Φ25，5.4m 跨的下部纵向钢筋为 4 Φ25，根据断面图，下部纵向钢筋均匀布置在梁下部，用来承受梁下部的拉应力。悬挑梁的下部没有拉应力，但为了形成钢筋骨架，仍需配置纵向钢筋，可仅按构造配置，这里为 2 Φ12。

3）5.4m 跨的下部是 4 根直径为 25mm 的 HRB400 级钢筋（4 Φ25），其中最左和最右的两根Φ25 是将 2.4m 跨梁的下部纵向钢筋 2 Φ25 通长配置到 5.4m 跨梁，5.4m 跨梁内的另两根Φ25 锚入两端的支座中。由于 HRB400 级钢筋不做弯钩，为清楚地反映钢筋的终端位置，用 45°方向的短粗线表示无弯钩钢筋的终端符号。因此，这两根Φ25 伸出左端柱支座是 560mm，伸出右端柱支座是 680mm。

4）由于在支座附近，梁的上部受拉，因此支座附近，梁的上部要布置纵向受力钢筋。跨度较大的梁，在跨中，梁的上部几乎不受拉力，因此往往只需按构造配置架立筋即可。2.4m 跨梁上部纵向钢筋通长配置，为 3 Φ25，5.4m 跨梁上部纵向钢筋在左端支座处也为 3 Φ25，和 2.4m 跨梁相同，因此它们是将 2.4m 跨梁上部的 3 Φ25 延伸至 5.4m 跨梁，在离柱 Z-1 边缘 1600mm 处截断。5.4m 跨梁上部纵向钢筋在右端支座处为 4 Φ25，和悬挑梁的上部钢筋相同，因此将悬挑梁的上部钢筋延伸至 5.4m 跨梁，在伸出Ⓑ轴线墙支座 1600mm 处截断。而在 5.4m 跨梁中间，只按构造配架立筋 2 Φ12。构造钢筋和上部受力钢筋的搭接长度为 150mm。

5）在梁的净跨范围内必须通长配置箍筋，按规范要求，第一道箍筋布置在距离墙和柱边缘的 50mm 处，在梁左端进墙支座内布置一道箍筋，以便于钢筋骨架的绑扎和定型。2.4m 跨梁范围内配置Φ8@150，5.4m 跨梁内配置Φ8@200，但是按规范规定和计算，在梁两端支座附近 850mm 范围内，箍筋加密一倍，为Φ8@100。

6）图中 L-1 在梁的纵向方向上，有五种配筋情况，因此做了五个配筋断面图，分别是 2.4m 跨梁（跨中和支座的配筋是相同的，因此只需一个断面即可）、5.4m 跨梁的左支座、中间、右支座，以及悬挑梁。以断面 2—2 为例，由尺寸说明可知，梁高 500mm，梁宽 250mm，梁的中心对准定位轴线。由于 L-1 同时布置在②、③轴线上，因此在断面图中只需用点画线和圆来表示轴线，不特别指明是哪一根轴线；梁下部配置 4 Φ25，梁上部配置 3 Φ25，箍筋为Φ8@100。这些和梁配筋立面图中的配筋情况完全一致，并且梁上部 4 Φ25 和梁下部 3 Φ25，都放在一排。在断面 3—3 中，梁上部钢筋为 2 Φ12，作为架立筋，箍筋为Φ8@200，其他则与 2—2 断面完全一致，这和梁配筋立面图也是一致的。

（九）雨篷板结构详图

雨篷板结构详图如图 3-74 所示。

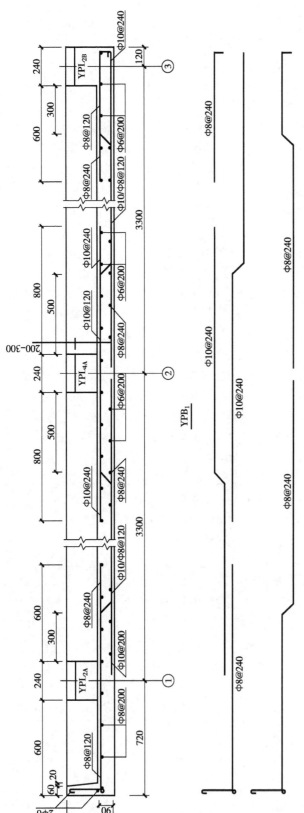

YPB_1

图 3-74 雨篷板结构详图

1) 图中是现浇雨篷板（YPB_1）的结构详图，它是采用一个剖面图来表示的，非定型的现浇构件。

2) YPB_1 是左端带有外挑板（轴线①的左面部分）的两跨连续板，它支撑在外挑雨篷梁（YPL_{2A}，YPL_{4A}，YPL_{2B}）上。由于建筑上要求，雨篷梁设在雨篷板的上方（称为逆梁），故雨篷梁的板底做平。YPL_{2A}，YPL_{4A} 是矩形截面梁，梁宽为 240mm，梁高为 200～300mm；YPL_{2B} 为矩形等截面梁，断面为 240mm×300mm。

3) 雨篷板（YPB_1）采用弯起式配筋，即板中的上部钢筋是由板的下部钢筋直接弯起，把板中受力钢筋的钢筋图画在配筋图的下方。在钢筋混凝土构件的结构详图中，除了配筋比较复杂外，一般不另画钢筋图。

4) 板的配筋图中除了必须标注出板的外形尺寸和钢筋尺寸外，还应注明板底的结构标高。

5) 当结构平面采用较大比例（如 1:50）时，也可以把现浇配筋（受力筋）的钢筋图直接画在板的平面图上，从而省略了板的结构详图。

（十）钢筋混凝土柱结构详图

钢筋混凝土柱结构详图如图 3-75 所示。

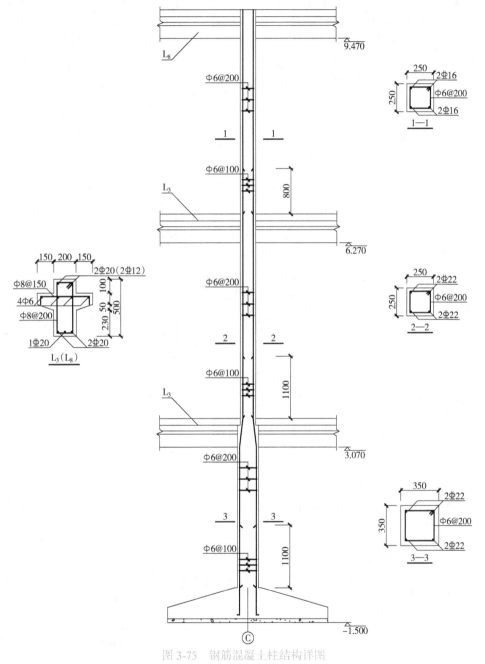

图 3-75   钢筋混凝土柱结构详图

1）图中是现浇钢筋混凝土柱（Z）的立面图和断面图。该柱从柱基起直通四层楼面。底层柱为正方形断面 350mm×350mm。受力筋为 4 Φ 22（见3—3断面），下端与柱基插铁搭接，搭接长度为 1100mm 上端伸出二层楼面 1100mm，以便与二层柱受力筋 4 ⏀ 22（见 2—2 断面）搭接。

2）二、三层柱为正方形断面 250mm×250mm。二层柱的受力筋上端伸出三层楼面 800mm 与三层柱的受力筋 4 ⏀ 16（见 1—1 断面）搭接。受力筋搭接区的箍筋间距需适当加密为 ⏀ 6@100；其余箍筋均为 ⏀ 6@200。

3）在柱（Z）的立面图中还画出了柱连接的二、三层楼面梁 L₃ 和四层楼面梁 L₈ 的局部（外形）立面。因搁置预制楼板（YKB）的需要，同时也为了提高室内梁下净空高度，把楼面梁断面做成十字形（俗称花篮梁），其断面形状和配筋如图中 L₃（L₈）左侧所示。

（十一）预应力多孔板结构详图

预应力多孔板结构详图如图 3-76 所示。

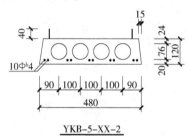

YKB-5-XX-2

图 3-76　预应力多孔板结构详图

图中是预制的预应力多孔板（YKB-5-××-2）的横断面图。板的名义宽度应是 500mm，但考虑到制作误差（若板宽比 500mm 稍大时，可能会影响板的铺设）及板间构造嵌缝，故板宽的设计尺寸定为 480mm。YKB 是某建筑构配件公司下属混凝土制品厂生产的定型构件，因此不必绘制结构详图。

（十二）构造柱与墙体连接结构详图

构造柱与墙体连接结构详图如图 3-77 所示。

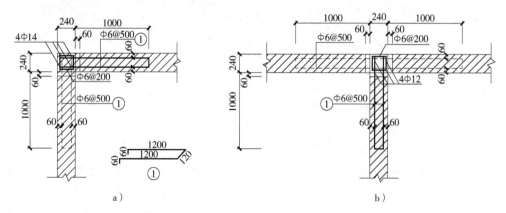

图 3-77　构造柱与墙体连接结构详图
a）外墙角柱　b）外（内）墙中柱

1）在多层混合结构房屋中设置钢筋混凝土构造柱是提高房屋整体延性和砌体抗剪强度，使之增加抗震能力的一项重要措施。构造柱与基础、墙体、圈梁必须保证可靠连接。图中为构造柱与墙体连接结构详图，构造柱与墙连接处沿墙高每隔500mm设2Φ6拉结钢筋，每边伸入墙内不宜小于1000mm。

2）图3-77a为外墙角柱与墙体连接图，图3-77b为外（内）墙中柱与墙体连接图。构造柱与墙体连接处的墙体宜砌成马牙槎，在施工时先砌墙，后浇构造柱的混凝土。在墙体砌筑时应根据马牙槎的尺寸要求，从柱脚开始，先退后进，以保证柱脚为大截面。

第四章

钢结构施工图的识读

钢结构施工图识读步骤如图 4-1 所示。

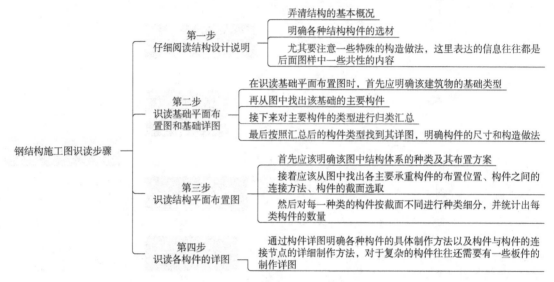

图 4-1 钢结构施工图识读步骤

知识扩展

识读钢结构施工图的目的

1. 进行工程量的统计与计算

尽管现在进行工程量统计的软件有很多,但这些软件对施工图的精准性要求很高,而施工图可能会出现一些变更,此时需要照图人工计算;另外,这些软件在许多施工单位还没有普及,因此在很长一段时间内,照图人工计算工程量仍然是施工人员应具备的一项能力。

2. 进行结构构件的材料选择和加工

钢结构与其他常见结构相比,需要现场加工的构件很少,大多数构件都是在加工厂预先加工好,再运到现场直接安装的。因此,需要根据施工图样明确构件选择的材料以及构件的构造组成。在加工厂,往往还要把施工图进一步分解,形成分解图样,再据此进行加工。

3. 进行构件的安装与施工

要进行构件的安装和结构的拼装，必须要能够识读图样上的信息，才能够真正地做到照图施工。

<h2 align="center">第一节　钢结构施工图的内容</h2>

一、门式刚架结构施工图的内容

1. 结构设计说明

结构设计说明主要包括工程概况、设计依据、设计荷载资料、材料的选用、制作安装等。

2. 基础平面布置图及基础详图

基础平面布置图主要通过平面图的形式，反映建筑物基础的平面位置关系和平面尺寸。对于轻钢门式刚架结构，在较好的地质情况下，基础形式一般采用柱下独立基础。在平面布置图中，一般标注有基础的类型和平面的相关尺寸，如果需要设置拉梁，也一并在基础平面布置图中标出。

由于门式刚架的结构单一，柱脚类型较少，相应基础的类型也不多，所以往往把基础详图和基础平面布置图放在一张图样上，如果基础类型较多，可考虑将基础详图单列一张图样。基础详图往往采用水平局部剖面图和竖向剖面图来表达，图中主要标明各种类型基础的平面尺寸和基础的竖向尺寸，以及基础中的配筋情况等。

3. 柱脚锚栓布置图

柱脚锚栓布置图是先按一定比例绘制柱网平面布置图，再在该图上标注出各个钢柱柱脚锚栓的位置（相对于纵横轴线的位置尺寸），在基础剖面上标出锚栓空间位置高程，并标明锚栓规格数量及埋设深度。

4. 支撑布置图

支撑布置图包括屋面支撑布置图和柱间支撑布置图。屋面支撑布置图主要表示屋面水平支撑体系的布置和系杆的布置；柱间支撑布置图主要采用纵剖面来表示柱间支撑的具体安装位置。另外，往往还配合详图共同表达支撑的具体做法和安装方法。

5. 檩条布置图

檩条布置图主要包括屋面檩条布置图和墙面檩条（墙梁）布置图。屋面檩条布置图主要表明檩条间距和编号以及檩条之间设置的直拉条、斜拉条布置和编号，还有隅撑的布置和编号；墙面檩条布置图往往按墙面所在轴线分类绘制，墙面檩条布置图的内容与屋面檩条布置图内容相似。

6. 主刚架图及节点详图

门式刚架由于通常采用变截面，故要绘制构件图以便通过构件图表达构件外形、几何尺寸及构件中杆件的截面尺寸；门式刚架图可利用对称性绘制，主要标注其变截面柱和变截面斜梁的外形和几何尺寸、定位轴线和标高以及柱截面与定位轴线的相关尺寸等。一般根据设计的实际情况，不同种类的刚架均应含有此图。

在相同构件的拼接处、不同构件的连接处、不同结构材料的连接处以及需要特殊交代清楚的部位，往往需要有节点详图来进行详细说明。节点详图在设计阶段应表示清楚各构件间的相互连接关系及其构造特点，节点上应标明在整个结构上的相关位置，即应标出轴线编号、相关尺寸、主要控制标高、构件编号或截面规格、节点板厚度及加劲肋做法。构件与节点板焊接连接时，应标明焊脚尺寸及焊缝符号。构件采用螺栓连接时，应标明螺栓的种类、直径、数量。

二、钢网架结构施工图的内容

1. 网架结构设计说明

网架结构设计说明主要包括工程概况、设计依据、网架结构设计和计算、材料、制作、安装、验收、表面处理、主要计算结果等。

2. 网架平面布置图

网架平面布置图主要是用来对网架的主要构件（支座、节点球、杆件）进行定位的，一般配合纵、横两个方向剖面图共同表达，支座的布置往往还需要有预埋件布置图配合。

3. 网架安装图

网架安装图主要对各杆件和节点球上按次序进行编号。

4. 球加工图

球加工图主要表达各种类型的螺栓球的开孔要求，以及各孔的螺栓直径等。由于螺栓球是一个立体造型复杂、开孔位置多样化的构件，因此在绘制时，往往选择能够尽量多地反映出开孔情况的球面进行投影绘制，然后将图上绘制出来的各孔孔径中心之间的角度标注出来。图名以构件编号命名，另外注明该球总共的开孔数、球直径和该编号球的数量。

5. 支座详图和支托详图

支座详图和支托详图都是来表达局部辅助构件的大样详图，虽然两张图表达的是两个不同的构件，但从制图或者识图的角度来讲是相同的。

6. 材料表

材料表把网架工程中所涉及的所有构件的详细情况分类进行了汇总。此表可以作为材料采购、工程量计算的一个重要依据。另外在识读其他图样时，如有参数标注不全的，也可以结合材料表来校验或查询。

三、钢框架结构施工图的内容

1. 结构设计说明

钢框架结构的结构设计说明主要包括设计依据，设计荷载，材料要求，构件制作、运输、安装要求，施工验收，图中相关图例的规定，主要构件材料表等。

2. 底层柱子平面布置图

柱子平面布置图是反映结构柱在建筑平面中的位置，用粗实线反映柱子的截面形式，根据柱子断面尺寸的不同，给柱进行不同的编号，并且标出柱子断面中心线与轴线的关系尺寸，给柱子定位。对于柱截面中板件尺寸选用往往另外用列表方式表示。

3. 结构平面布置图

结构平面布置图是确定建筑物各构件在建筑平面上的位置图，具体绘制内容主要有：

1）根据建筑物的宽度和长度，绘出柱网平面图。

2）用粗实线绘出建筑物的外轮廓线及柱的位置和截面示意。

3）用粗实线绘出梁及各构件的平面位置，并标注构件定位尺寸。

4）在平面图的适当位置处标注所需的剖面，以反映结构楼板、梁等不同构件的竖向标高关系。

5）在平面图上对梁构件编号。

6）表示出楼梯间、结构留洞等的位置。对于结构平面布置图的绘制数量，与确定绘制建筑平面图的数量原则相似，只要各层结构平面布置相同，可以只画某一层的平面布置图来表达相同各层的结构平面布置图。

4. 屋面檩条平面布置图

屋面檩条平面布置图主要表达檩条的平面布置位置、檩条的间距以及檩条的标高。

5. 楼梯施工详图

对于楼梯施工图，首先要弄清楚各构件之间的位置关系，其次要明确各构件之间的连接问题。它的主要构件有踏步板、梯斜梁、平台梁、平台柱等。

楼梯施工图主要包括楼梯平面布置图、楼梯剖面图、平台梁与梯斜梁的连接详图、踏步板详图、平台梁与平台柱的连接详图、楼梯底部基础详图等。

6. 节点详图

钢结构的连接方式有焊缝连接和螺栓连接，螺栓连接又分为普通螺栓连接和高强度螺栓连接，这些连接的部位统称为节点。

节点详图在设计阶段应表示清楚各构件间的相互连接关系及其构造特点，节点上应标明整个结构物的相关位置，即应标出轴线编号、相关尺寸、主要控制标高、构件编号和截面规格、节点板厚度及加劲肋做法。构件与节点板采用焊接连接时，应标明焊脚尺寸及焊缝符号。构件采用螺栓连接时，应标明是什么螺栓、螺栓直径、数量。

第二节　　钢结构施工图的识读技巧

一、门式刚架结构施工图的识读技巧

识读技巧

门式刚架施工图，图样组成要素繁

基础刚架和檩条，布置样样不可少

设计说明最先看，信息集中好掌握

不同图样对照看，更快熟悉整套图

识图顺序应注意，为你省时又方便

1. 基础平面布置图及其详图识读技巧

识读时，需要注意图中写出的施工说明。另外，需要注意观察每一个基础与定位轴线的相对位置关系，此处最好一起看一下柱子与定位轴线的关系，从而确定柱子与基础的位置关系，以保证安装的准确性。

2. 柱脚锚栓布置图识读技巧

在识读时，需要注意以下几个方面的问题：

1）通过识读锚栓平面布置图，可以根据图样的标注准确地对柱脚锚栓进行水平定位。

2）通过识读锚栓详图，掌握与锚栓有关的一些竖向尺寸，主要有锚栓的直径、锚栓的锚固长度、柱脚底板的标高等。

3）通过识读锚栓布置图，可以对整个工程的锚栓数量进行统计。

3. 支撑布置图识读技巧

识读屋面支撑布置图的顺序是：看图名称→看轴网编号、数量，并与其相应的锚栓平面布置图相互对照识读→看屋面支撑、系杆在平面图上的位置→看右下角的图样说明。读图时，经常按顺序读出以下信息：

1）明确支撑的所处位置和数量。门式刚架结构中，并不是每一个开间都要设置支撑，如果要在某开间内设置，往往将屋面支撑和柱间支撑设置在同一开间，从而形成支撑桁架体系。因此需要从图中明确，支撑系统到底设在了哪几个开间，另外需要知道每个开间内共设置了几道支撑。

2）明确支撑的起始位置。柱间支撑需要明确支撑底部的起始高程和上部的结束高程；屋面支撑需要明确其起始位置与轴线的关系。

3）支撑的选材和构造做法。支撑系统主要分为柔性支撑和刚性支撑两类，柔性支撑主要指的是圆钢截面；刚性支撑主要指的是角钢截面。此处可以根据详图来确定支撑截面、与主刚架的连接做法，以及支撑本身的特殊构造。

4. 檩条布置图识读技巧

1）识读时，首先要弄清楚各种构件的编号规则。

2）要清楚每种檩条的所在位置和截面做法，檩条的位置主要根据檩条布置图上标注的间距尺寸和轴线来判断，尤其要注意墙面檩条布置图。

5. 主刚架图及节点详图识读技巧

1）识读详图时，应该先明确详图所在结构的相关位置，既可以根据详图上所标的轴线和尺寸进行位置的判断，也可以利用索引符号和详图符号的对应性来判断详图的位置。

2）明确位置后，要弄清图中所画构件是什么构件，它的截面尺寸是多少。接着要清楚为了实现连接需加设哪些连接板件或加劲板件；最后要了解构件之间的连接方法。

二、钢网架结构施工图的识图技巧

识读技巧

网架结构类型多，识图方法大致同
主要区别节点球，不同做法不同看
螺栓焊接节点球，不同图样区分读
图样依据实际调，调整内容和数量
总的原则还不变，完整准确和清晰

1. 网架平面布置图识读技巧

节点球的定位主要还是通过两个方向的剖面图控制的。一般应首先明确平面图中哪些属于上弦节点球，哪些是下弦节点球，然后再按排、列或者定位轴线逐一进行位置的确定。

通过平面图和剖面图的联合识读可以判断，平面图中在实线交点上的球均为上弦节点球，而在虚线交点上的球均为下弦节点球；每个节点球的位置可以由两个方向的尺寸共同确定。

2. 网架安装图识读技巧

节点球的编号一般用大写英文字母开头，后边跟一个阿拉伯数字，节点球的编号有几种大写字母开头，就表明有几种球径的球，即开头字母不同的球的直径是不同的；即使直径相同的球，由于所处位置不同，球上开孔数量和位置也不尽相同，因此用字母后边的数字来表示不同的编号。

杆件的编号一般采用阿拉伯数字开头，后边跟一个大写英文字母或什么都不跟，标注在杆件的上方或左侧，图中杆件的编号有几种数字开头，就表明有几种横断面不同的杆件；对于同种断面尺寸的杆件其长度未必相同，因此在数字后加上字母以区别杆件类型的不同。

为了较好地识别图样中的上层节点球、下层节点球、上弦杆、下弦杆等，正确方法是将两张图样或多张图样对应起来识读。为了弄清楚各种编号的杆件和球的准确位置，必须与网架平面布置图结合起来看。由于网架平面布置图中的杆件和网架安装图的构件是一一对应关系，故为了施工读图的方便可以考虑将安装图上的构件编号直接标注在平面布置图上。

3. 球加工图识读技巧

球加工图主要表达各种类型的螺栓球的开孔要求，以及各孔的螺栓直径等。由于螺栓球是一个立体造型复杂、开孔位置多样化的构件，因此在绘制时，往往选择能够尽量多地反映开孔情况的球面进行投影绘制，然后将图上绘制出来的各孔孔径中心之间的角度标注出来。图名以构件编号命名，还应注明该球总共的开孔数、球直径和该编号球的数量。

4. 支座详图识读技巧

识读时，一般都是先看整个构件的立面图，掌握组成这个构件的各零件的相对位置关系，例如支座详图中，通过立面可以知道螺栓球、十字板和底板之间的相对位置关系；然后根据立面图中的断面符号找到相应的断面图，进一步明确各零件之间在平面上的位置关系和连接做法；最后，根据立面图中的板件编号（带圆圈的数字）查明组成这一构件的每一种板件的具体尺寸和形状。

另外，还需要仔细阅读图样中的说明，可以进一步帮助大家更好地明确该详图。

三、钢框架结构施工图的识读技巧

识读技巧

框架结构施工图，包括内容真完整
图样拆分或合并，实际工程繁简分
另外施工图样中，往往需要各详图
梁柱支撑拼装图，每种都需不可少

1. 底层柱子平面布置图识读技巧

在读图中，要弄清楚每一个柱子的具体位置、摆放方向以及它与轴线的关系。对于钢结构的安装尺寸必须要精确，因此在识读时必须要准确掌握柱子的位置，否则将会影响其他构件的安装；另外还要注意柱子的摆放方向，因为这与柱子的受力，以及整个结构体系的稳定性都有直接的关系。

2. 结构平面布置图识读技巧

在对某一层结构平面布置图详细识读时，往往采取如下的步骤：

1）明确本层梁的信息。结构平面布置图是在柱网平面上绘制出来的，而在识读结构平面布置图之前，已经识读了柱子平面布置图，所以在此图上的识读重点就首先落到了梁上。这里提到的梁的信息主要包括梁的类型数、各类梁的截面形式、梁的跨度、梁的标高以及梁柱的连接形式等信息。

2）掌握其他构件的布置情况。这里其他构件主要是指梁之间的水平支撑、隔撑以及楼板层的布置。水平支撑和隔撑并不是所有的工程中都有，如果有的话也将在结构平面布置图中一起表示出来；楼板层的布置主要是指采用钢筋混凝土楼板时，应将钢筋的布置方案在平面图中表示出来，有时也会将板的布置方案单列一张图样。

3）查找图中的洞口位置。楼板层中的洞口主要包括楼梯间和配合设备管道安装的洞口，在平面图中主要明确它们的位置和尺寸大小。

3. 屋面檩条平面布置图识读技巧

屋面檩条平面布置图主要表达檩条的平面布置位置、檩条的间距以及檩条的标高。

4. 楼梯施工详图识读技巧

对于楼梯图的识读步骤一般为：先读楼梯平面图，掌握楼梯的具体位置和楼梯的具体平面尺寸；再读楼梯剖面图，掌握楼梯在竖向上的尺寸关系和楼梯本身的构造形式及结构组成；最后就是阅读钢楼梯的节点详图，从而掌握组成楼梯的各构件之间的连接做法。

5. 节点详图识读技巧

对于节点详图的识读，首先要判断清楚该详图对应于整体结构的什么位置（可以利用定位轴线或索引符号等），其次判断该连接的连接特点（即两构件之间在何处连接，是铰接还是刚接等），最后是识读图上标注。

第三节　钢结构施工图的实例识读

一、门式刚架施工图的实例识读

（一）基础平面图及详图的实例识读

某轻钢门式刚架厂房结构基础平面布置图及详图如图 4-2 所示。

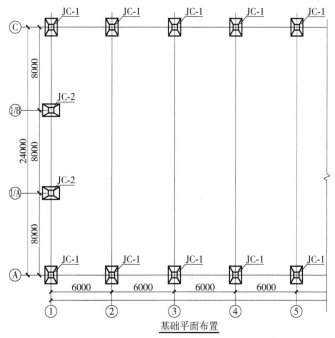

图 4-2　某轻钢门式刚架厂房结构基础平面布置图及详图

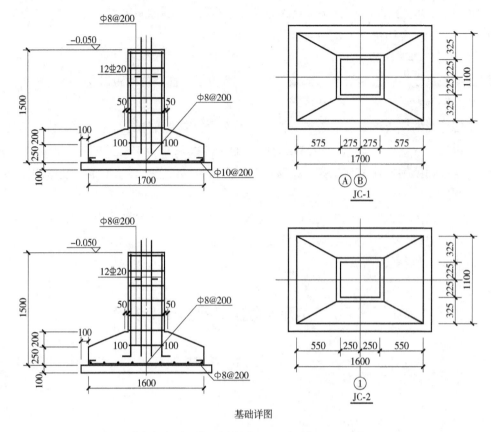

基础详图

图 4-2 某轻钢门式刚架厂房结构基础平面布置图及详图（续）

1）识读基础平面布置图可知，该建筑物的基础为柱下独立基础，共有两种类型，分别为 JC-1 和 JC-2，图中显示出的 JC-1 共 10 个，JC-2 共 2 个。

2）识读基础详图可知，JC-1 的基底尺寸为 1700mm×1100mm，基础底部的分布筋为直径 8mm 的 HPB300 级钢筋，受力筋为直径 10mm 的 HPB300 级钢筋，间距均为 200mm。基础上短柱的平面尺寸为 550mm×450mm，短柱的纵筋为 12 根直径为 20mm 的 HRB400 级钢筋，箍筋为直径 8mm，间距 200mm 的 HPB300 级钢筋。

3）识读基础详图可知，JC-2 的基底尺寸为 1600mm×1100mm，基础底部的分布筋为直径 8mm 的 HPB300 级钢筋，受力筋为直径 8mm 的 HPB300 级钢筋，间距均为 200mm。基础上短柱的平面尺寸为 500mm×450mm，短柱的纵筋为 12 根直径为 20mm 的 HRB400 级钢筋，箍筋为直径 8mm，间距 200mm 的 HPB300 级钢筋。

4）从详图可知，该基础下部设有 100mm 厚的垫层，基础的底部标高为−1.550m。

（二）柱脚锚栓布置图的实例识读

1）某轻钢门式刚架厂房结构柱脚锚栓布置图如图 4-3 所示。

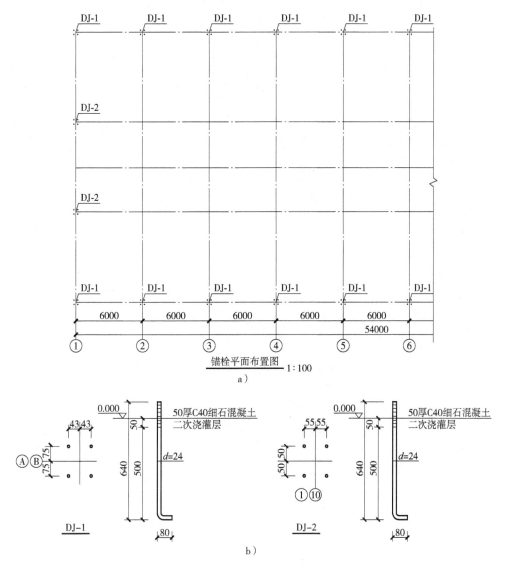

图 4-3 某轻钢门式刚架厂房结构柱脚锚栓布置图
a）锚栓平面布置图 b）锚栓详图

1）从锚栓平面布置图中可知，共有两种柱脚锚栓形式，分别为刚架柱下的 DJ-1 和抗风柱下的 DJ-2，并且二者的方向是相互垂直的。另外还可以看到纵向轴线和横向轴线都恰好穿过柱脚锚栓群的中心位置，且每个柱脚下都是 4 个锚栓。

2）从锚栓详图中可以看到 DJ-1 和 DJ-2 所用锚栓均为直径 24mm 的锚栓，锚栓的锚固长度都是从二次浇灌层底面以下 500mm，柱脚底板的标高为 ±0.000。

3）DJ-1 的锚栓间距沿横向定位轴线为 150mm，沿纵向定位轴线为 86mm，DJ-2 的锚栓间距沿横向定位轴线为 100mm，沿纵向定位轴线为 110mm。

2）某钢结构厂房锚栓平面布置图及详图如图 4-4 所示。

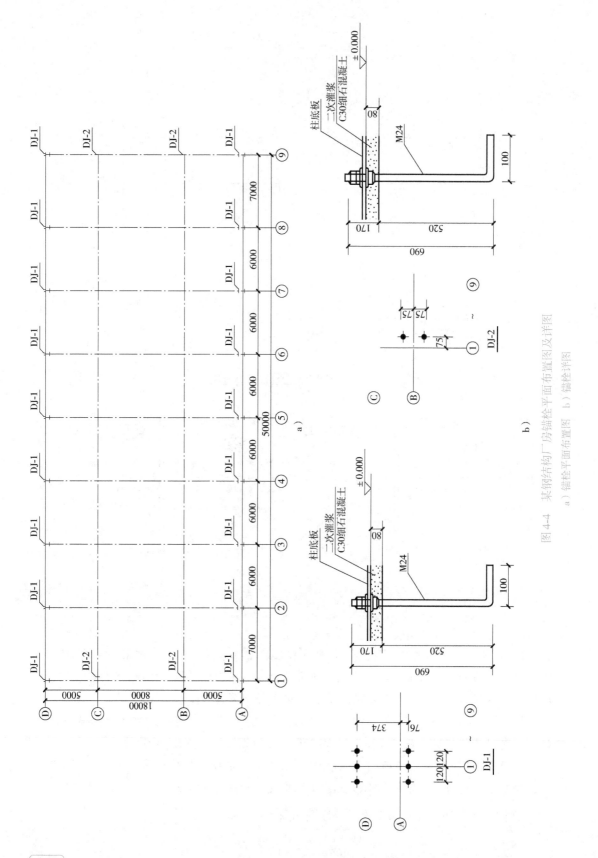

图 4-4 某钢结构厂房锚栓平面布置图及详图
a) 锚栓平面布置图 b) 锚栓详图

从图 4-4a 中可以读出：

1）该建筑物共有 22 个柱脚，包括 DJ-1 和 DJ-2 两种柱脚形式。

2）锚栓横向间距：两端为 7m，中间为 6m；纵向间距：两端为 5m，中间为 8m。

从图 4-4b 中可以读出：

1）该建筑物Ⓐ、Ⓓ轴线柱脚下有 6 个柱脚锚栓，锚栓横向间距为 120mm，纵向间距为 450mm；Ⓑ、Ⓒ轴线柱脚下有 2 个柱脚锚栓，纵向间距为 150mm。

2）由 DJ-1 详图可知，DJ-1 锚栓群在纵向轴线上居中，在横向轴线上偏离锚栓群中心 149mm。

3）由 DJ-2 详图可知，DJ-2 锚栓群在纵向轴线上偏离锚栓群中心 75mm，在横向轴线上的位置居中。

4）所采用的锚栓直径 d 均为 24mm，长度均为 690mm，锚栓下部弯折 90°，长度为 100mm，共需此种锚栓 116 根。

5）DJ-1 和 DJ-2 锚栓锚固长度均是从二次浇灌层底面以下 520mm，柱底板的标高为 ±0.000。

6）柱与基础的连接，采用柱底板下 1 个螺母、柱底板上 2 个螺母的固定方式。

（三）支撑布置图的实例识读

某轻钢门式刚架厂房结构支撑布置图如图 4-5 所示。

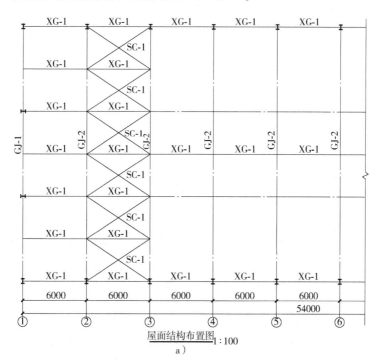

图 4-5 某轻钢门式刚架厂房结构支撑布置图

a）屋面结构布置图

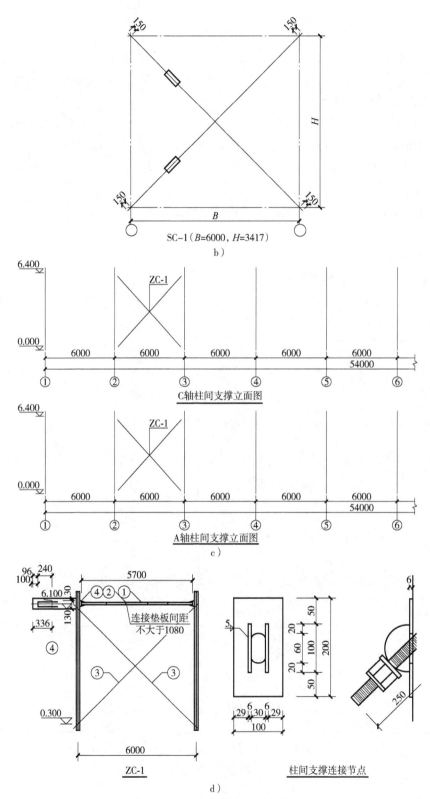

图 4-5 某轻钢门式刚架厂房结构支撑布置图（续）

b）屋面支撑详图 c）柱间支撑布置图 d）柱间支撑详图

1）从图中可知，屋面支撑（SC-1）和柱间支撑（ZC-1）均设置在第二个开间，即②~③轴线间。

2）在每个开间内柱间支撑只设置了1道，而屋面支撑每个开间内设置了6道，主要是为了能够使支撑的角度接近45°。

3）从屋面支撑详图和柱间支撑详图中可知，柱间支撑的下标高为0.300m，柱间支撑的顶部标高为6.400m，而每道屋面支撑在进深方向的尺寸为3.417m。

（四）檩条布置图的实例识读

某轻钢门式刚架厂房结构檩条布置图如图4-6所示。

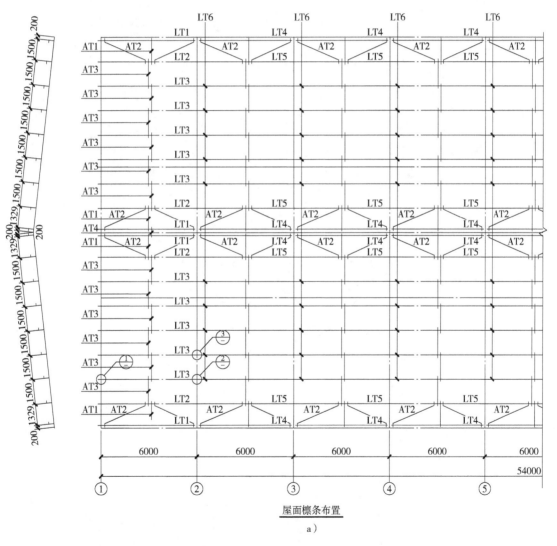

屋面檩条布置

a）

图4-6 某轻钢门式刚架厂房结构檩条布置图

a）屋面檩条布置图

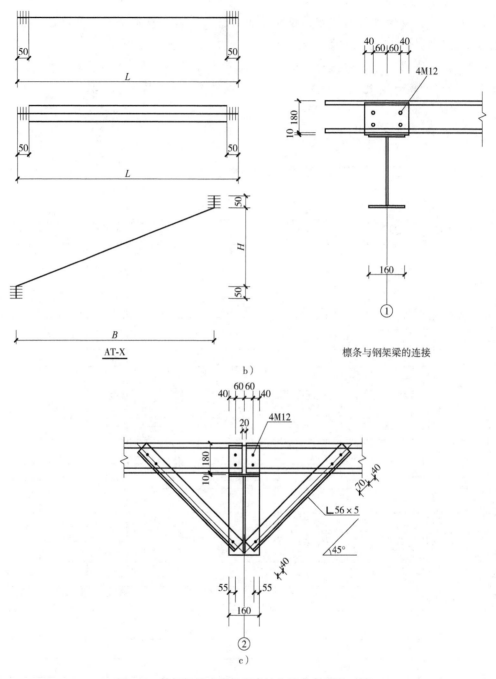

AT-X

b）

檩条与钢架梁的连接

c）

图 4-6 某轻钢门式刚架厂房结构檩条布置图（续）

b）檩条与钢架梁的连接   c）檩条隅撑节点图

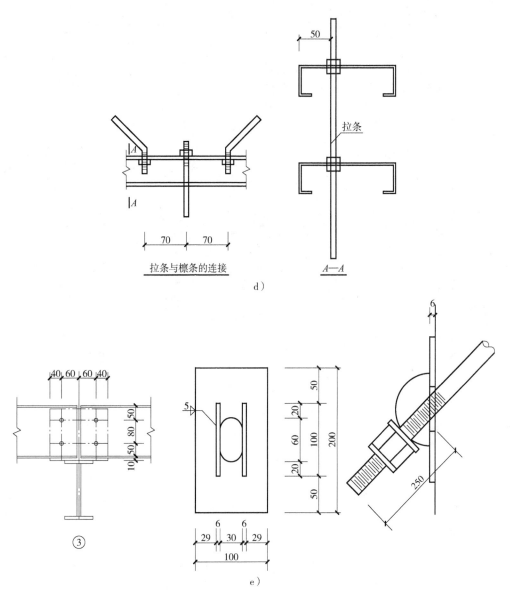

图 4-6 某轻钢门式刚架厂房结构檩条布置图（续）

d）拉条与檩条的连接 e）层面支撑连接节点

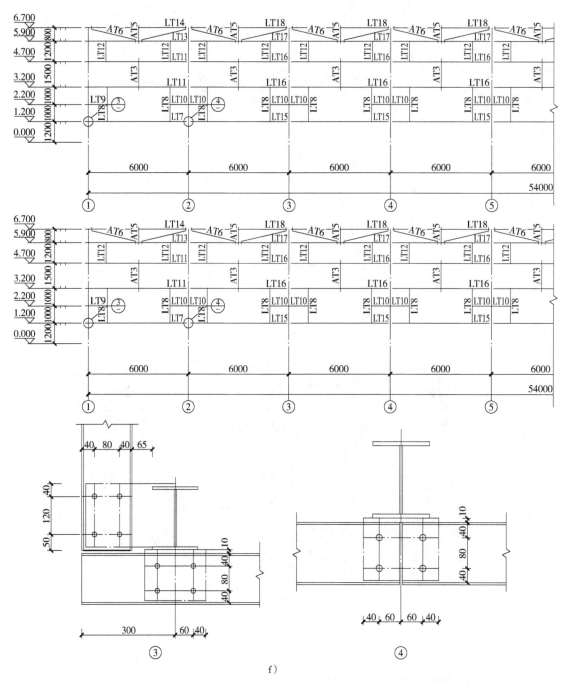

f）

图 4-6　某轻钢门式刚架厂房结构檩条布置图（续）

f）墙面檩条布置图

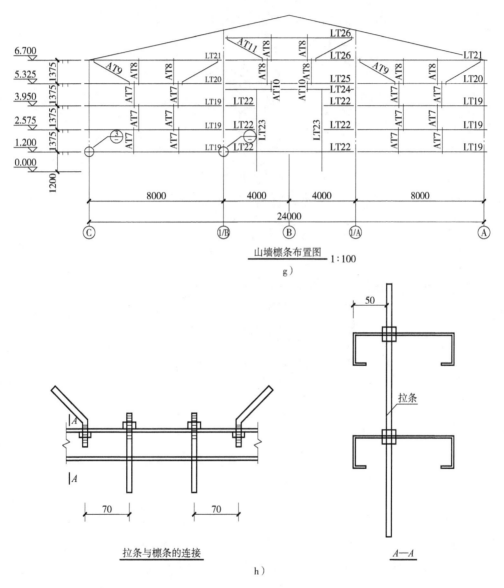

图 4-6 某轻钢门式刚架厂房结构檩条布置图（续）

g）山墙檩条布置图 h）拉条与檩条的连接

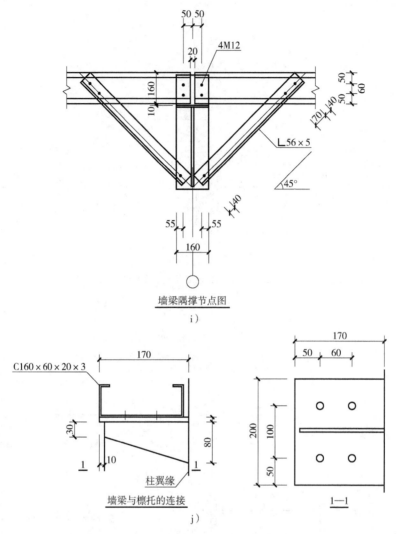

图 4-6 某轻钢门式刚架厂房结构檩条布置图 (续)

i) 墙梁隔撑节点图 j) 墙梁与檩托的连接

1) 图中檩条采用 LT-X (X 为编号) 表示，直拉条和斜拉条都采用 AT-X (X 为编号) 表示，隔撑采用 YC-X (X 为编号) 表示，这也是较为通用的一种做法。

2) 要清楚每种檩条的所在位置和截面做法，檩条的位置主要根据檩条布置图上标注的间距尺寸和轴线来判断，尤其要注意墙面檩条布置图，由于门窗的开设使得墙梁的间距很不规则，至于截面可以根据编号到材料表中查询。

3) 结合详图弄清檩条与刚架的连接构造、檩条与拉条连接构造、隔撑的做法等内容。

（五）主刚架图及节点详图的实例识读

某轻钢门式刚架厂房结构主刚架布置图及节点详图，如图 4-7 所示。

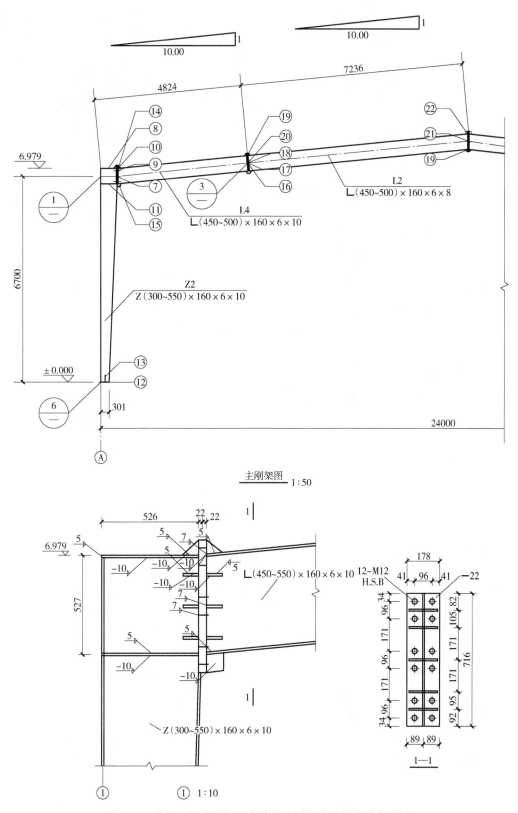

图 4-7 某轻钢门式刚架厂房结构主刚架布置图及节点详图

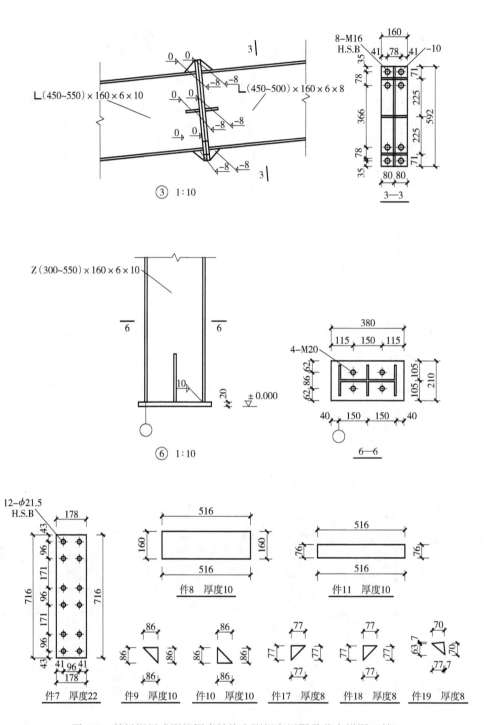

图4-7 某轻钢门式刚架厂房结构主刚架布置图及节点详图(续)

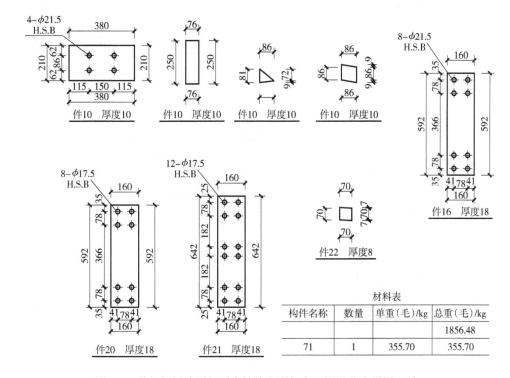

图4-7 某轻钢门式刚架厂房结构主刚架布置图及节点详图（续）

1）主刚架图中，通过详图符号和索引符号的对应关系可以找到：①号节点详图是主刚架图中左侧梁节点的详图，那么由此可以进一步明确①号节点详图中所画的两个主要构件都是刚架梁，梁截面为∟(450~550)×160×6×10。

2）为了实现梁梁刚接，在梁的连接端部各用了一块端板与梁端焊接，端板的厚度为22mm，然后用12个直径12mm的高强摩擦螺栓将梁与梁进行了连接。

3）端板两侧梁翼缘上下和腹板中间各设三道加劲肋。

二、钢网架结构施工图的实例识读

（一）网架平面布置图的实例识读

1）某钢结构网架平面布置图如图4-8所示。

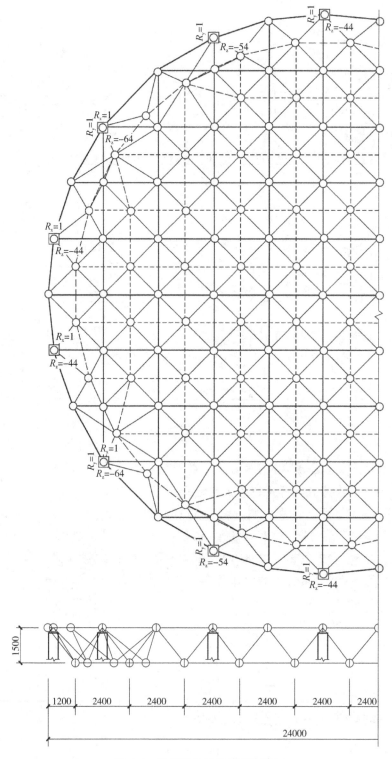

图 4-8 某钢结构网架平面布置图

1）图中最下方的一个支座上（该支座内力为 $R_y=1$，$R_z=-44$）的节点球，由于它处于实线的交点上，因此它属于上弦节点球，它的平面位置：东西方向可以从平面图下方的剖面图中读出，处于距最西边 12m 的位置；南北方向可以从图中看出，处于最南边的位置。

2）图中还可以看出网架的类型为正方四角锥双层平板网架、网架的矢高为 1.5m（由剖面图可以读出）以及每个网架支座的内力。

网架的主要尺寸

1. 网架的高度

从整体上来说，平板网架受力性质是一个受弯构件，网架高度越大，弦杆内力就越小，弦杆用钢量减少，但腹杆长度增长，腹杆用钢量增多，围护结构材料增多，因此网架高度应适当。

网架的高度主要取决于网架的跨度，还与屋面荷载的大小、建筑要求、建筑平面的形状、节点形式、支承条件有关。当屋面荷载较大时，网架高度应大些；当网架中有管道穿行时，网架高度要满足穿行管道的要求；当建筑平面为圆形、正方形或接近正方形时，网架高度可小些；一般情况下，采用螺栓球节点的网架高度可比采用焊接空心球节点的网架高度小些；周边支承时，网架高度可取小些；点支承时，网架高度应取大些。

2. 网格尺寸

网格尺寸主要是指上弦网格尺寸，主要与网架的跨度、屋面材料、网架的形式、网架高度、荷载大小等有关。

当屋面采用钢筋混凝土屋面板、钢丝网水泥板时，网格尺寸一般为 2~4m；当采用轻型屋面材料时，网格尺寸一般为 3~6m。

通常斜腹杆与弦杆的夹角为 45°~60°，否则节点构造麻烦，因此网格尺寸与网架高度应有合适的比例关系。

2）某钢网架平面布置图如图 4-9 所示。

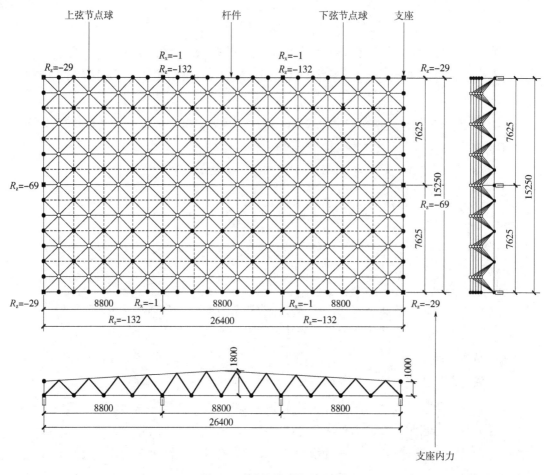

图 4-9　某钢网架平面布置图

1) 对于图 4-9, 首先明确平面图中哪些属于上弦节点球, 哪些属于下弦节点球, 然后再按排、列或者定位轴线逐一进行位置的确定。通过平面图和剖面图的联合识读可以判断, 平面图中在实线交点上的球均为上弦节点球, 而在虚线交点上的球均为下弦节点球; 每个节点球的位置可以由两个方向的尺寸共同确定。如图中最下方支座上的节点球, 它们处于实线的交点上, 因此属于上弦节点球, 其平面位置: 东西方向可以从平面图下方的剖面图中读出, 处于距最西边 13.2m 的位置; 南北方向可以从其右侧的剖面图中读出, 处于最南边的位置。

2) 从图中还可以读出网架的类型为正方四角锥双层平板网架、网架的矢高为1.8m (由剖面图可以读出) 以及每个网架支座的内力。

(二) 网架安装图的实例识读

某钢结构网架安装图如图 4-10 所示。

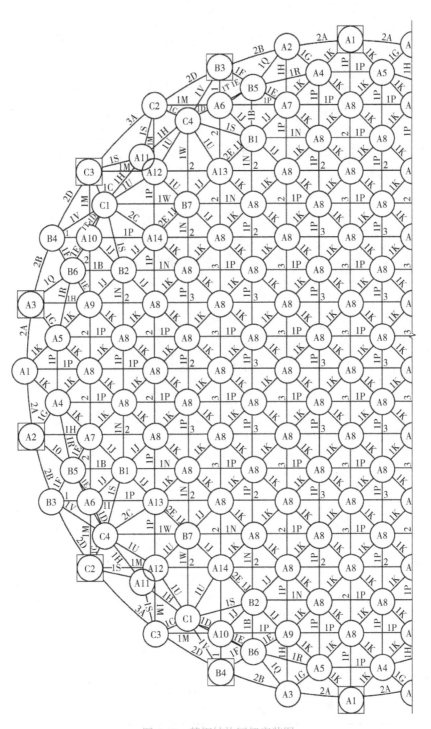

图 4-10 某钢结构网架安装图

1）图中共有三种球径的螺栓球，分别用 A、B、C 表示，其中 A 类球、B 类球、C 类球又分成了不同类型。

2）共有三种断面的杆件，分别为 1、2、3，其中每一种断面类型的杆件根据其长度不同又分为不同种类。

注意：这张图对于初学者最大的难点在于如何来判断哪些是上层的节点球，哪些是下层的节点球，哪些是上弦杆，哪些是下弦杆。这里需要特别强调一种识图的方法，那就是把两张图样或多张图样对应起来看。这也是初学者经常容易忽视的一种方法。对于这张图要想弄清上面所说的问题，就必须采用这一方法。为了弄清楚各种编号的杆件和球的准确位置，就必须与网架平面布置图结合起来看。在平面布置图中粗实线一般表示上弦杆，细实线一般表达腹杆，而下弦杆则用虚线来表达，与上弦杆连接在一起的球自然就是上层的球，而与下弦杆连在一起的球则为下层的球。而网架平面布置图中的构件和网架安装图的构件又是一一对应的，为了施工的方便可以考虑将安装图上的构件编号直接在平面布置图上标出，这样就可以做到一目了然了。

知识扩展

	网架的节点
项目	内容
钢板节点	网架的杆件采用角钢或薄壁型钢时，应采用此种节点。此种节点刚度大，整体性好，制作加工简单。当网架的杆件采用圆钢管时，不应采用此种节点，不但节点构造复杂，而且不能充分发挥钢管的优越性能
焊接空心球节点	该节点是用两块圆钢板经热压或冷压成的两个半球，然后对焊成整体。为了加强球的强度和刚度，可先在一半球中加焊一加劲肋，因而焊接空心球节点又分为加肋与不加肋两种 焊接空心球节点适用于连接圆钢管，只要钢管沿垂直于本身轴线切断，杆件就能自然对准球心，且可与任意方向的杆件相连，它的适应性强，传力明确，造型美观。目前，网架多采用此种节点，但其对焊接质量要求高，焊接量大，易产生焊接变形，并且要求杆件下料正确
螺栓球节点	该节点是在实心钢球上钻出螺纹孔，然后用高强螺栓将汇交于节点处的焊有锥头或封板的圆钢管杆件连接而成 该节点具有焊接空心球节点的优点，也不用焊接，能加快安装速度，缩短工期。但这种节点构造复杂，机械加工量大

（三）球加工图的实例识读

某钢结构球加工图如图 4-11 所示。

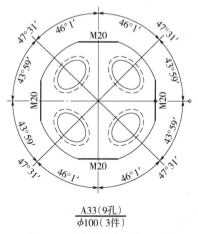

A33（9孔）
φ100（3件）

图 4-11 某钢结构球加工图

1）图中所示为编号 A33 的节点球的加工图，此类型的球共有 3 个。

2）该球共 9 个孔，球直径为 100mm。

注意：该图样的作用主要是用来校核由加工厂运来的螺栓球的编号是否与图样一致，以免在安装过程中出现错误，重新返工，这个问题尤其在高处散装法的初期要特别注意。

知识扩展

高处散装法

《空间网格结构技术规程》（JGJ 7—2010）规定：

6.3.1 采用小拼单元或杆件直接在高处拼装时，其顺序应能保证拼装精度，减少累积误差。悬挑法施工时，应先拼成可承受自重的几何不变结构体系，然后逐步扩拼。为减少扩拼时结构的竖向位移，可设置少量支撑。空间网格结构在拼装过程中应对控制点空间坐标随时跟踪测量，并及时调整至设计要求值，不应使拼装偏差逐步积累。

6.3.2 当选用扣件式钢管搭设拼装支架时，应在立杆柱网中纵横每相隔 15～20m 设置格构柱或格构框架，作为核心结构。格构柱或格构框架必须设置交叉斜杆，斜杆与立杆或水平杆交叉处节点必须用扣件连接牢固。

6.3.3 格构柱应验算强度、整体稳定性和单根立杆稳定性；拼装支架除应验算单根立杆强度和稳定性外，尚应采取构造措施保证整体稳定性。

（四）支座与支托详图的实例识读

某钢结构支座详图如图 4-12 所示。

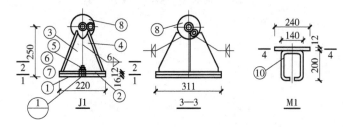

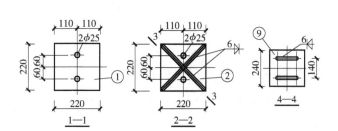

材料表

零件号	截面 /mm×mm	长度 /mm	数量	重量/kg 单重	重量/kg 共计	合计
	1	−220×16	220	1	6.1	6.1	
	2	−220×12	220	1	4.6	4.6	
	3	−195×6	295	1	2.7	2.7	
J1	4	−195×6	295	1	2.7	2.7	23
	5	螺柱M24	70	2	0.25	0.5	
	6	六角螺母		2	0.11	0.22	
	7	垫圈24		2	0.03	0.06	
	8	Q1		1	6.6	6.6	
M1	9	−240×12	240	1	5.4	5.4	7
	10	16	640	2	1.0	2.0	

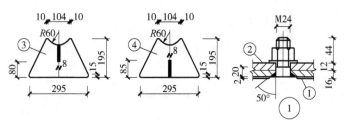

注：
1. 螺栓球与十字钢板的焊接，应将球体预热150~200℃后再施焊。
2. 为了保证螺栓球与十字钢板的位置和角度的准确性，应在专用的定位架上施焊。
3. 零件⑤与①的焊缝不应超出钢板的表面。

图 4-12　某钢结构支座详图

1）从 J1 立面图可以看出，共有①~⑧种零件，具体尺寸见材料表。还有一个详图，即详图①。

2）看清楚剖切符号的剖切位置，然后与各个剖面图对应识读。

3）通过识读图中注解，可知施焊的预热温度、施焊要求等内容。

三、钢框架结构施工图的实例识读

（一）底层柱子施工图的实例识读

某钢结构底层柱子平面布置图如图 4-13 所示。

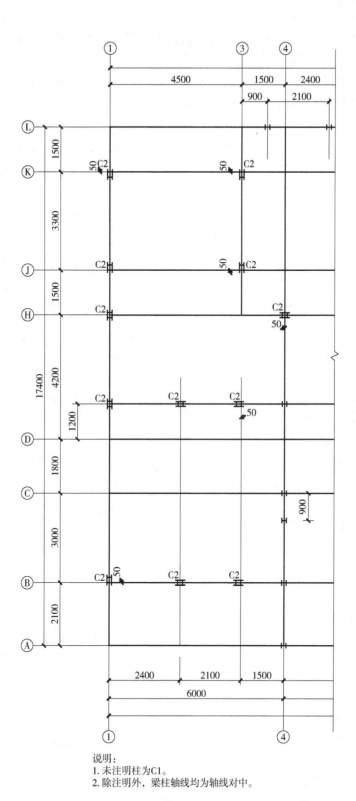

说明：
1. 未注明柱为C1。
2. 除注明外，梁柱轴线均为轴线对中。

图 4-13 某钢结构底层柱子平面布置图

1) 图中主要表达了底层柱的布置情况，在读图时，首先明确图中一共有几种类型的柱子，每一种类型的柱子的截面形式如何，各有多少个。

2) 图中共有两种类型的柱子，未在图中注明的柱子 C1 和图中注明的柱子 C2；对照设计说明中的材料表可以知道，柱 C1、柱 C2 的截面尺寸。

3) 从图中查出本层各类柱子的数量分别为多少个。

4) 弄清楚每一个柱子的具体位置、摆放方向以及它与轴线的关系。对于钢结构的安装尺寸必须要精确，因此在识读时必须要准确掌握柱子的位置，否则将会影响其他构件的安装。

5) 注意柱子的摆放方向，因为这与柱子的受力以及整个结构体系的稳定性都有直接的关系。图中位于①轴线和⑧轴线相交位置处的柱子 C2，长边沿着①轴线放置，且柱中与①轴线重合，短边沿⑧轴线布置，且柱的南侧外边缘在⑧轴线以南 50mm。

钢框架结构中的柱子

钢框架结构中的柱子根据受力情况不同可分为轴心受压柱和偏心受压柱（或称为压弯柱子）两类。柱子常选用的断面主要有轧制型钢断面柱、焊接型钢断面柱和格构式组合断面柱。对于荷载较小的柱子一般选择轧制型钢断面柱和焊接型钢断面柱，其中轧制型钢断面柱主要选择宽翼缘 H 型钢柱（因为此断面的利用更充分），焊接型钢断面柱一般制作成 H 形断面、箱形断面、圆管断面等。对于荷载较大的柱子可以选择格构式断面（工业建筑常用）。

（二）结构平面布置图的实例识读

某钢结构平面布置图如图 4-14 所示。

1) 图中可以看到五种型号的梁，编号为 B1、B2、B3、B4、B5，每种梁的截面尺寸可以到结构设计说明中的主要材料表查询。

2) 从图上看，所有梁的标高相等，梁与柱的连接参照图例可以发现绝大多数梁柱节点均为刚性连接，只有边梁和阳台梁与柱的连接采用了铰接连接。

3) 对于其他构件的布置情况，由于本工程梁的跨度和梁的间距均不大，因此没有水平支撑和隔撑的布置。

4) 图中显示出的洞口在 H 轴线与①轴线相交处附近。

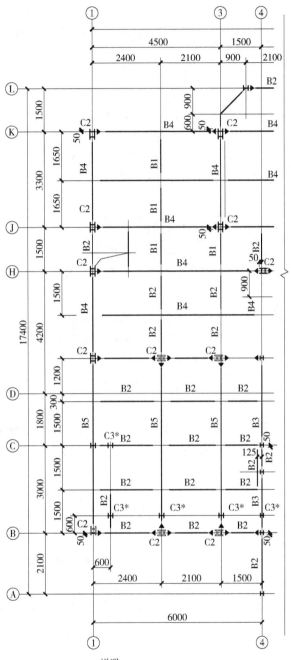

说明：
1. 未注明柱为C1，未注明梁为B3。
2. 除注明外，本层梁顶标高为3.000。
3. 除注明外，梁柱轴线均为轴线对中。
4. C3柱顶标高为3.380。

图4-14 某钢结构平面布置图

知识扩展

尺寸的标注方法

图样上的尺寸，应包括尺寸界线、尺寸线、尺寸起止符号和尺寸数字，如图4-15所示。

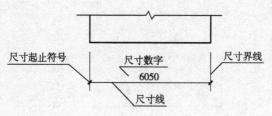

图4-15　尺寸的标注方法

1）尺寸界线应用细实线绘制，应与被注长度垂直，其一端离开图样轮廓线不应小于2mm，另一端宜超出尺寸线2~3mm。图样轮廓线可用作尺寸界线。

2）尺寸线应用细实线绘制，应与被注长度平行。图样本身的任何图线均不得用作尺寸线。

3）尺寸起止符号用中粗斜短线绘制，其倾斜方向应与尺寸界线成顺时针45°角，长度宜为2~3mm。半径、直径、角度与弧长的尺寸起止符号，宜用箭头表示。

4）图样上的尺寸，应以尺寸数字为准，不得从图上直接量取。

5）图样上的尺寸单位，除标高及总平面以"m"为单位外，其他必须以"mm"为单位。

6）尺寸数字应依据其方向注写在靠近尺寸线的上方中部。如没有足够的注写位置，最外边的尺寸数字可注写在尺寸界线的外侧，中间相邻的尺寸数字可上下错开注写，引出线端部用圆点表示标注尺寸的位置。

7）尺寸宜标注在图样轮廓以外，不宜与图线、文字及符号等相交。

8）互相平行的尺寸线，应从被注写的图样轮廓线由近向远整齐排列，较小尺寸应离轮廓线较近，较大尺寸应离轮廓线较远。

9）图样轮廓线以外的尺寸界线，距图样最外轮廓之间的距离，不宜小于10mm。平行排列的尺寸线的间距，宜为7~10mm，并应保持一致。

10）总尺寸的尺寸界线应靠近所指部位，中间的分尺寸的尺寸界线可稍短，但其长度应相等。

（三）屋面檩条平面布置图的实例识读

某钢结构屋面檩条平面布置图如图4-16所示。

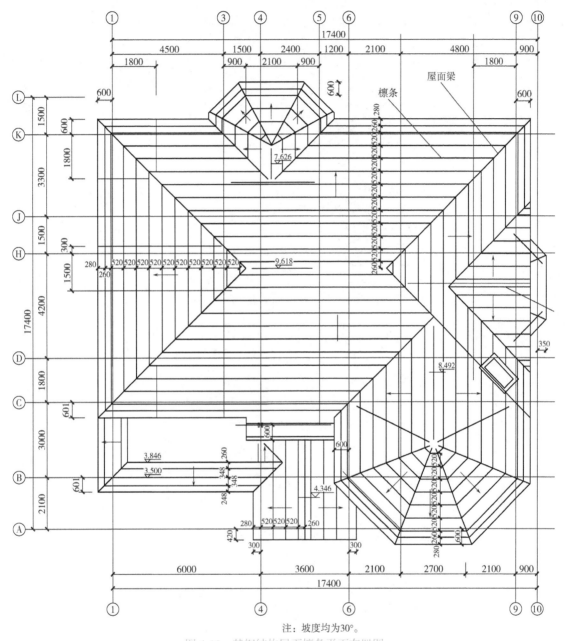

注:坡度均为30°。

图 4-16 某钢结构屋面檩条平面布置图

1)要清楚每种檩条的所在位置和截面做法,檩条的位置主要根据檩条布置图上标注的间距尺寸和轴线来判断,截面可以根据编号到材料表中查询。

2)注意屋面坡度方向,本图中已经说明坡度均为30°。

(四)楼梯详图的实例识读

1)某楼梯施工详图如图 4-17 所示。

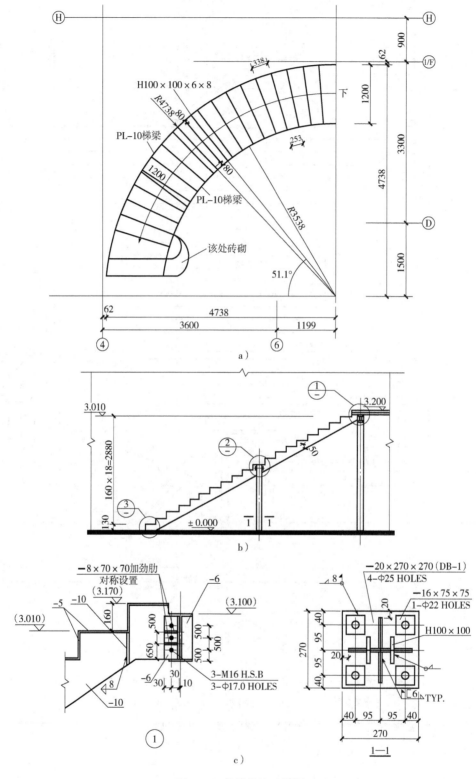

图 4-17　某楼梯施工详图

a）楼梯平面图　b）楼梯剖面图　c）楼梯节点详图一

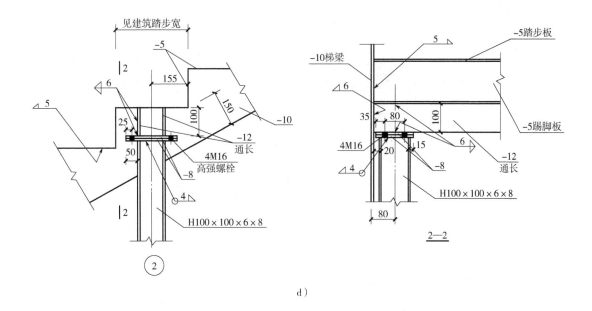

d）

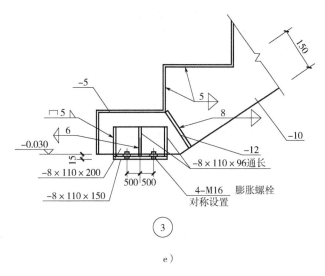

e）

图 4-17　某楼梯施工详图（续）

d）楼梯节点详图二　e）楼梯节点详图三

1）图中的楼梯为某别墅室内楼梯，所以坡度较大、受力较小，而且从平面图可知还是一部旋转楼梯。

2）对于楼梯施工图，首先要弄清楚各构件之间的位置关系，其次要明确各构件之间的连接问题，各个节点详图中可知各构件的尺寸及做法等。

3）前面提到，对于钢结构楼梯，往往做成梁板式楼梯，因此它的主要构件有踏步板、梯斜梁、平台梁、平台柱等。

2）某斜楼梯施工详图如图 4-18 所示。

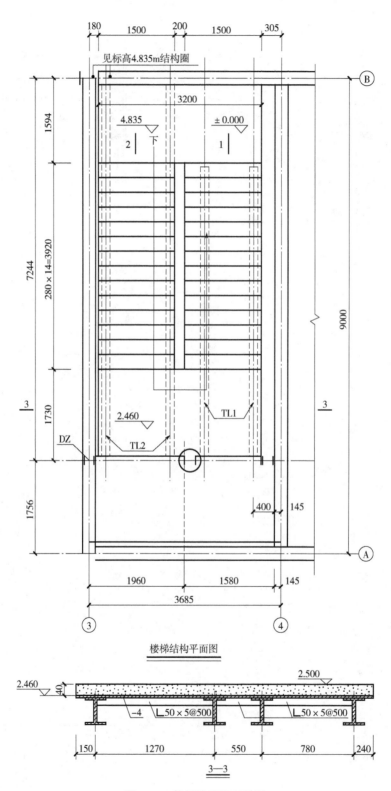

楼梯结构平面图

图 4-18   某斜楼梯施工详图

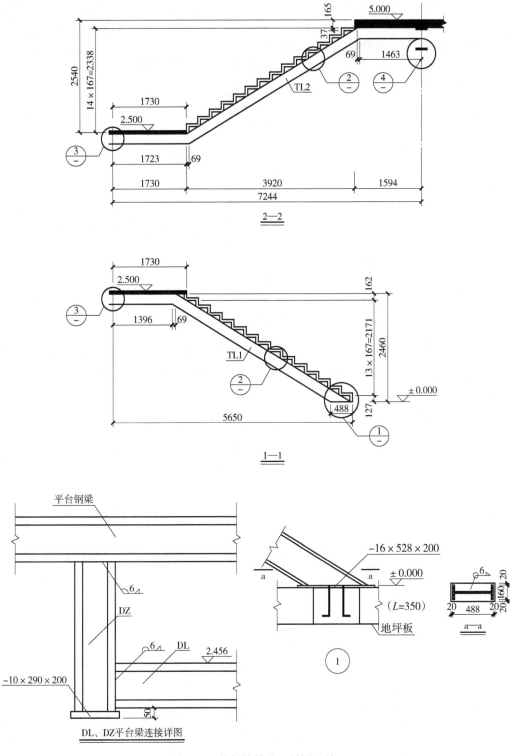

图 4-18 某斜楼梯施工详图（续）

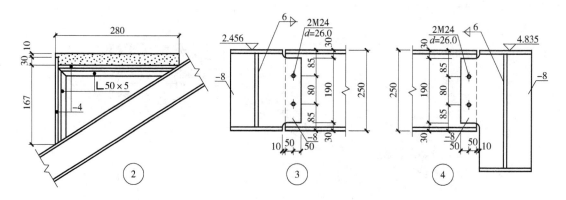

说明：
1. 楼梯钢梁及钢柱材料为Q345B。
2. 踏步及休息平台钢板材料为Q235。
3. 梯梁基础混凝土等级C30。
4. 未标注焊脚尺寸厚度为最薄构件厚度。
5. 楼梯踏步做法详见建筑做法。
6. 各构件尺寸以实际放样为准。

材料明细表

构件编号	简图	H	B	t_1	t_2	备注
DL						
DZ		250	160	6	12	焊接H型钢
TL1						
TL2						

图 4-18 某斜楼梯施工详图（续）

1）从结构平面图和1—1、2—2剖面图上可知，该斜钢梯坡度为 arctan167/282 = 30.8°，由一个休息平台和两个14级的梯段（各自包括2根楼梯梁TL1和2根楼梯梁TL2）组成。

楼梯井的宽度为550mm，休息平台的轴线尺寸为3685mm×1730mm。距离室内地面高度为2.5m。踏步宽度为280mm，踢面高度为167mm。

2）从1—1、2—2剖面图和节点详图②可知，采用规格为250×160×6×12的焊接H型钢做楼梯梁（TL），踏步的踏面、踢面的钢板采用厚度为4mm的Q235B钢板做面层，其上浇筑40mm厚的混凝土做建筑装饰层，且用两根∟50×5的角钢做支撑骨架。

3）从3—3剖面和节点详图②可知，休息平台采用钢板厚度为4mm的Q235B钢板做底层，40mm厚的混凝土做面层，钢板下方采用∟50×5的角钢按间距500mm做休息平台的支撑骨架。

4）节点详图①为梯段与地面的详图，从中可知，梯段与地面连接时先需要30.8°切角，再通过—16×528×200的钢板与地面内的预埋件连接。由a—a剖面可知，梯段与钢板采用单面围焊缝，焊缝尺寸为6mm。—16×528×200钢板在梯段两端的地面内是借助4根长度为350mm、直径为16mm的圆钢连接牢固的。

5）节点详图③、④分别示意的是梯梁（TL）与平台梁（DL）、梯梁与楼面梁的连接节点。它们均采用双面角焊缝（$h_f = 6mm$）将加劲板焊接在平台梁或楼面梁的腹板上，再通过2M24螺栓实现与梯梁的铰接连接。

6）从材料表可知，梁、柱构件均采用焊接成型的H形截面。

（五）节点详图的实例识读

某钢结构节点详图如图 4-19 所示。

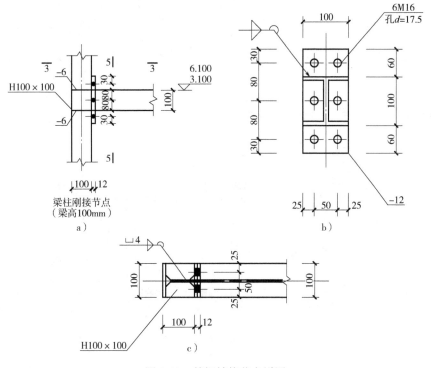

图 4-19 某钢结构节点详图

a）节点详图 b）5—5 剖面图 c）3—3 剖面图

1）由节点详图可知该节点是截面为 H100×100 柱与截面高为 100mm 的梁在 3.100m 和 6.100m 标高处的一个刚接节点。

2）通过对三个投影方向图的综合阅读，可以知道梁柱的连接方法为：在梁端头焊接一块 100mm×220mm×12mm 钢板作为连接板，然后用 6 个直径为 16mm 的螺栓将连接板与柱翼缘板连接，为加强节点，还需在柱子腹板两侧沿梁上下翼缘板的高度各设置一道加劲肋，加劲肋厚度为 6mm。

第五章

砌体结构施工图的识读

砌体结构施工图识图的基本步骤如图5-1所示。

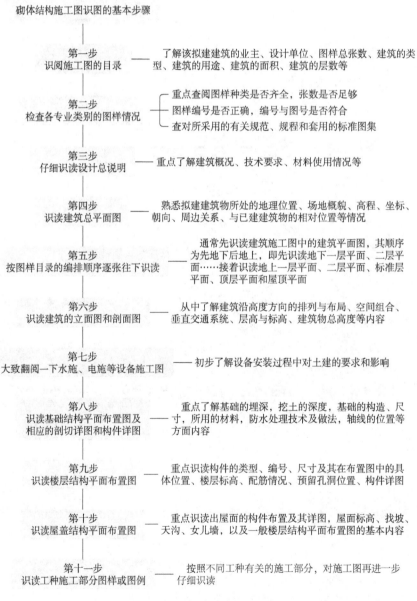

砌体结构施工图识图的基本步骤

| 第一步
识阅施工图的目录 | 了解该拟建建筑的业主、设计单位、图样总张数、建筑的类型、建筑的用途、建筑的面积、建筑的层数等 |

第二步
检查各专业类别的图样情况 ——
重点查阅图样种类是否齐全，张数是否足够
图样编号是否正确，编号与图号是否符合
查对所采用的有关规范、规程和套用的标准图集

第三步
仔细识读设计总说明 —— 重点了解建筑概况、技术要求、材料使用情况等

第四步
识读建筑总平面图 —— 熟悉拟建建筑物所处的地理位置、场地概貌、高程、坐标、朝向、周边关系、与已建建筑物的相对位置等情况

第五步
按图样目录的编排顺序逐张往下识读 —— 通常先识读建筑施工图中的建筑平面图，其顺序为先地下后地上，即先识读地下一层平面、二层平面……接着识读地上一层平面、二层平面、标准层平面、顶层平面和屋顶平面

第六步
识读建筑的立面图和剖面图 —— 从中了解建筑沿高度方向的排列与布局、空间组合、垂直交通系统、层高与标高、建筑物总高度等内容

第七步
大致翻阅一下水施、电施等设备施工图 —— 初步了解设备安装过程中对土建的要求和影响

第八步
识读基础结构平面布置图及相应的剖切详图和构件详图 —— 重点了解基础的埋深，挖土的深度，基础的构造、尺寸，所用的材料，防水处理技术及做法，轴线的位置等方面内容

第九步
识读楼层结构平面布置图 —— 重点识读构件的类型、编号、尺寸及其在布置图中的具体位置、楼层标高、配筋情况、预留孔洞位置、构件详图

第十步
识读屋盖结构平面布置图 —— 重点识读出屋面的构件布置及其详图，屋面标高、找坡、天沟、女儿墙，以及一般楼层结构平面布置图的基本内容

第十一步
识读工种施工部分图样或图例 —— 按照不同工种有关的施工部分，对施工图再进一步仔细识读

图 5-1　砌体结构施工图识图的基本步骤

第一节 砌体结构施工图的内容

一、结构施工图的主要内容

1）砌体结构施工图主要表示砌体建筑的承重构件的布置方式，构件所在的位置、构件的形状、尺寸大小、构件的数量、所用材料、构造情况和各种构件之间的相互关系，其中承重构件包括基础、承重墙、柱、梁、板、屋架、屋面板和楼梯等。

2）砌体结构施工图的主要内容包括基础图、结构平面布置图、剖面图、结构节点详图和构件图等。

3）砌体结构的基础形式有条形基础（包括毛石条形基础、砖砌体条形基础、毛石混凝土条形基础、钢筋混凝土条形基础、三合土条形基础等）、筏片基础（也称为满堂基础，主要材料为钢筋混凝土）、桩基础（包括预制桩和灌注桩）和墩基础等。因此基础图即为所选用的基础形式的图样表现。

4）砌体结构平面布置图包括楼盖结构平面布置图、屋盖结构平面布置图、过梁和圈梁平面布置图、柱网平面布置图、基础梁平面布置图、连系梁平面布置图、楼梯间结构平面布置图等。

5）剖面图包括纵剖面图和横剖面图。

6）施工详图包括结构节点详图和构件详图，其中节点详图是指结构构造局部和材料用放大尺寸的比例画出的详细图样，构件详图是指具体构件，如梁、柱、雨篷等构件的详细构造及材料的施工图样。

二、结构总说明的内容

砌体结构设计总说明的内容很多，各个工程的设计内容也不尽相同，各设计单位的表达方式和内容各有特色，但概括起来，一般均应包括几个重要内容，具体有：

1）表明砌体建筑的具体结构形式、层数。

2）说明该建筑的抗震等级。

3）说明设计所依据的规范、规程、图集和设计时所使用的结构程序软件。

4）说明基础的形式，所采用的主要材料及其强度等级。

5）说明使用荷载的取值依据及大小。

6）说明构造上的做法和要求。

7）说明抗震构造要求。

8）说明主体结构的形式，所采用的主要材料及其强度等级。

9）对本工程施工中的特殊要求。

一、基础结构施工图的识读技巧

在基础平面图识读之后，即可在此基础上对基础详图进行识读。

对基础详图的识读通常按下列步骤进行，即：

1）先看图名和比例。基础详图的图名往往用基础剖切号"1-1、2-2⋯⋯"或"Ⅰ-Ⅰ、Ⅱ-Ⅱ⋯⋯"命名。

2）从基础详图中的图形名称代号和轴线编号，并按照详图顺序，对照基础平面图，依次查阅、认真识读，从而确定详图所在的位置及其关联部位。

3）细读基础详图，主要内容有基础断面的形式、大小，所用的材料和配筋。

4）细读基础断面图中基础梁的高度、宽度等尺寸，以及标高和配筋。

5）识读基础断面图中各组成部分的详细尺寸，特别关注有关基础施工凭据的主要内容，即基础大放脚的做法，垫层的尺寸，地圈梁的位置、构造与尺寸，地圈梁的配筋形式和数量等。

6）识读基础防潮层的位置、所用材料及其做法，了解防潮层与室内标高（即±0.000）的距离。

7）识读基础详图中标高尺寸，通过室内外地面标高与基础底面标高的关系，计算出基础的高度和基础的埋置深度。

二、主体结构施工图的识读技巧

识读技巧

梁的平法施工图，平面截面分两部
平面注写方法多，分出原位和集中
截面注写不可混，支座上下不同筋
预制现浇不同板，理论结合实践看
砌体结构构造柱，墙体组成重之重
平面图里看布置，详图读出配筋率

1. 梁施工平面图的识读技巧

在识读梁的施工图之前，首先应了解梁平法施工图的识读步骤，现表述如下：

1）查阅梁的类别和序号，查阅梁的图名和比例。

2）核查轴线编号和轴线间的尺寸，并结合建筑施工图中的平面图，检查是否正确、齐全。

3）明确梁的编号、位置、数量等内容。

4）识读结构设计总说明，明确梁中所用材料的强度等级、构造要求和通用表述方式及其内容。

5）按梁的编号顺序，逐一进行识读，根据梁的标注方式，明确梁的断面尺寸、配筋情况和梁的标高及高差。

6）根据结构的抗震等级、设计要求和标准构造详图，识读梁中纵向钢筋的位置和数量，配筋情况和吊筋设置的位置和数量，以及其他构造要求，主要有受力钢筋的锚固长度、搭接长度、连接方式、弯折要求、切断位置、附加箍筋的位置和用量、吊筋的构造要求、箍筋加密区的位置及其范围、主次梁的位置关系、主梁的支承情况等。

2. 板施工平面图的识读技巧

为了便于对现浇楼板施工图的识读，现将其基本识读步骤介绍如下：

1）查阅轴线位置、轴线编号及轴线间的尺寸，并结合建筑平面图、梁网平法施工图，核对是否一致，是否吻合。

2）识读结构设计总说明中有关楼板部分的条文，明确现浇楼板的表示方法，所用材料的强度等级，以及构造要求等。

3）识读现浇楼板的标高、高差和板厚。

4）识读现浇楼板的配筋方式和用筋量，通过附注内容或附加说明，明确尚未注明的受力钢筋和分布钢筋的用量及分布情况。

5）在识读结构图的过程中，一定要特别注意钢筋的弯钩形状和方向，以便确定钢筋在板断面中的位置和做法。

第三节　砌体结构施工图的实例识读

一、砌体的类型

1. 砖砌体

砖砌体是砌体结构中最常见的砌体形式，主要用于内外承重墙体、围护墙体或隔墙，其厚度由设计人员确定，主要取决于承载力及高厚比的要求。砖砌体一般采用实心砌法，有时也可砌成空心的砌体。实心标准砖砌体的厚度一般为 120mm、240mm、370mm、490mm（如图 5-2 所示）、620mm、740mm 等。

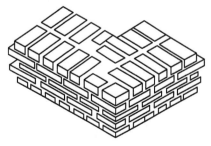

图 5-2　490mm 墙

2. 砌块砌体

砌块砌体具有自重轻、保温隔热性能好、施工进度快、经济效益高等优点，因此采用砌块建筑是墙体改革的一项重要措施。设计中在确定砌块的规格尺寸和型号时，设计人员既要考虑起重能力，又要考虑与房屋的建筑设计相协调，使得所选用的砌块类型数量尽量少，并能满足砌筑时的搭砌要求。砌块砌体主要用于宿舍、办公楼、学校和一般工业建筑的承重墙或围护墙之中。

砌块的规格、种类很多，较常见的有混凝土中型空心砌块，如图5-3所示，其中小立柱是设置在门洞旁边作为水平梁的支承。

在砌体结构中，作为墙体的材料也有的采用混凝土小型空心砌块。采用小型或中型砌块的墙体，其厚度均可砌成240mm或200mm的墙体。

3. 石砌体

石砌体是由石材和砂浆或石材和混凝土经砌筑而成的整体结构，一般分为料石砌体、毛石砌体和毛石混凝土砌体，如图5-4所示。

石砌体具有就地取材、经济效益高等优点，广泛采用于产石地区。其中料石砌体可用作一般民用房屋的承重墙体、柱子和基础，还可用于石拱桥、石坎和涵洞等。

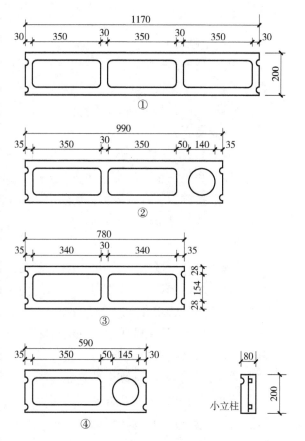

图5-3 混凝土中型空心砌块

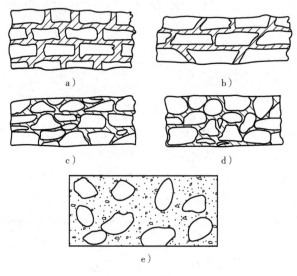

图5-4 石砌体示意图

a)、b) 料石砌体　c)、d) 毛石砌体　e) 毛石混凝土砌体

4. 配筋砌体

配筋砌体是指在砌体中配置一定数量钢筋的砌体，从而提高砌体的强度，减小构件的截面尺寸，提高砌体的整体性，改善砌体的变形能力。具体分为横向配筋砌体、纵向配筋砌体和组合砌体三种。

横向配筋砌体是指在砌体的水平灰缝内设置钢筋网片的砌体，如图5-5所示。这是目前采用较多的配筋砌体的形式，主要用作轴心受压或小偏心受压的墙体和柱子。

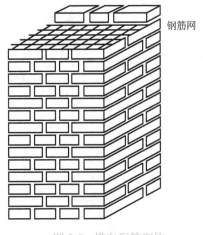

图 5-5 横向配筋砌体

纵向配筋砌体是指在砌体的纵向灰缝或砌块的孔洞内配置一定数量纵向钢筋的砌体，如图5-6所示。这种砌体可用于条形式或点式的住宅建筑中。有时为进一步确保配筋砌体的整体性，沿墙体高度每隔一段距离，在其水平灰缝内设置形如桁架式的水平钢筋网。

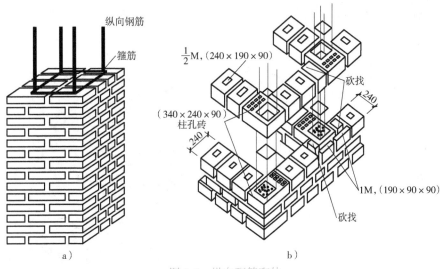

图 5-6 纵向配筋砌体
a）砖砌体 b）砌块砌体

组合砌体是指由砖砌体和钢筋混凝土或钢筋砂浆构成的砌体，一般以钢筋混凝土或钢筋砂浆作为砖砌体的面层，约束砖砌体，改善原来砖砌体的受力性能，这种砌体主要用于偏心距较大的受压墙体或柱子，如图 5-7 所示。若在两层砖砌体中间的空腔内配置竖向和横向钢筋，并且浇筑混凝土的砌体，即成为复合砌体，如图 5-8 所示。

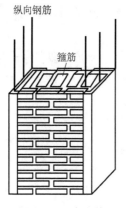

图 5-7　组合砌体

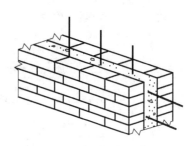

图 5-8　复合砌体

5. 墙板

墙板又称为大型墙板，是一种特大型的砌块，它指的是用于房屋墙体尺寸的较大板块。其高度一般为房屋的层高，宽度即为房屋中房间的进深尺寸或开间尺寸。其优点为工业化和机械化程度高、生产效益好。墙板材料既可采用单一材料制成，如预制混凝土空心墙板（如图 5-9 所示）、矿渣混凝土墙板和整体现浇混凝土墙板等；也可采用约束砌体材料制成，如图 5-10 所示的大型振动砖墙板，还可以采用空心砖和实心砖砌块制作的墙板。

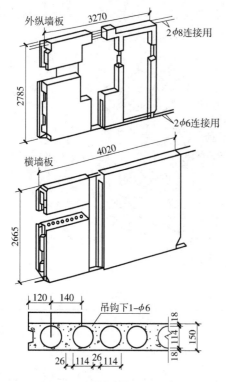

图 5-9　预制混凝土空心墙板

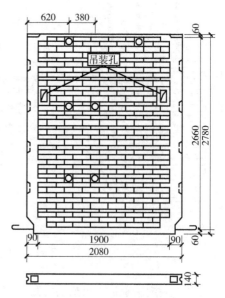

图 5-10　大型振动砖墙板

二、基础结构施工图的实例识读

1. 基础平面图

某疗养院基础平面图如图 5-11 所示。

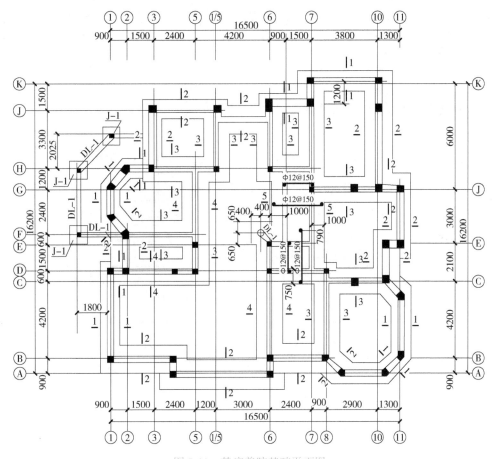

图 5-11　某疗养院基础平面图

1）基础平面图中的定位轴线的编号与尺寸都与建筑施工图中的平面图保持一致。定位轴线是施工现场放线的依据，是基础平面图中的重要内容。

2）定位轴线两侧的粗线是墙身被剖切到的断面轮廓线。两墙外侧的细实线是可见但未被剖到的基础底部的轮廓线，它也是基础的边线，是基坑开挖的依据。为了使图面简洁，一般基础的细部投影都省略不画，基础大放脚的投影轮廓线在基础详图中具体表示。

3）基础圈梁及基础梁。有时为了增加基础的整体性，防止或减轻不均匀沉降，需要设置基础圈梁（JQL）。该基础平面图中虽（没有）表现出基础圈梁，但在后面基础详图的剖面图中反映（出其结构）（有时，在基础平面图中沿墙身轴线用粗点画线表示基础圈梁的中心位置；同时在旁边标注的 JQL 也特别指出这里布置了基础圈梁，这因设计单位的习惯不同而异)。

4) 该图中涂黑的矩形或块状部分表示被剖切到的建筑物构造柱。构造柱通常从基础梁和基础圈梁的上面开始设置并伸入地梁内。它是为了满足抗震设防的要求,按照《建筑抗震设计标准》(GB/T 50011—2010)(2024 年版)的有关规定设置的。

5) 该图中出现的符号、代号。如 DL-1, DL 表示地梁,"1"为编号,图中有许多个"DL-1",表明它们的内部构造相同。类似的如"J-1",表示编号为 1 的由地梁连接的柱下条形基础。

2. 基础详图

(1) 砖基础施工图实例　砖基础详图大样如图 5-12 所示。

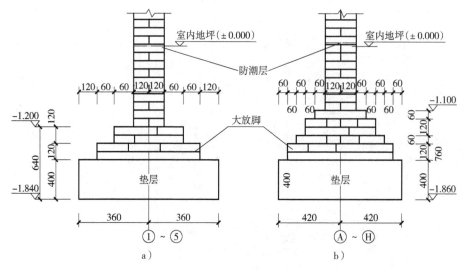

图 5-12　砖基础详图大样
a) 等高式　b) 不等高式

1) 普通砖基础采用烧结普通砖与砂浆砌成,由墙基和大放脚两部分组成,其中墙基(即±0.000 以下的砌体)与墙身同厚,大放脚即墙基下面的扩大部分,按其构造不同,分为等高式和不等高式两种。

2) 等高式大放样是每两皮一收,每收一次两边各收进 1/4 砖(即 60mm)长;不等高式大放脚是两皮一收与一皮一收相间隔,每收一次两边各收进 1/4 砖长。

3) 大放脚的底宽应根据设计而定。大放脚各皮的宽度应为半砖长(即 120mm 长)的整倍数(包括灰缝宽度在内)。在大放脚下面应做砖基础的垫层,垫层一般采用灰土、碎砖三合土或混凝土等材料。

4) 在墙基上部(室内地面以下 1~2 层砖处)应设置防潮层,防潮层一般采用 1:2.5(质量比)的水泥砂浆加入适量的防水剂铺浆而成,主要按设计要求而定,其厚度一般为 20mm。

5）从图中可以看到，砖基础详图中有其相应的图名、构造、尺寸、材料、标高、防潮层、轴线及其编号，当遇见详图中只有轴线而没有编号时，表示该详图对于几个轴线而言均为适合。

6）当其编号为Ⓐ~Ⓗ表明该详图在Ⓐ~Ⓗ轴之间各轴上均有该详图。

（2）石基础施工图实例　石基础与地圈梁详图如图 5-13、图 5-14 所示。

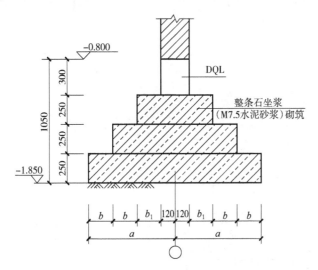

截面 尺寸	1—1	2—2	3—3
a	700	800	900
$2a$	1400	1600	1800
b	190	220	260
b_1	200	230	260

图 5-13　石基础详图

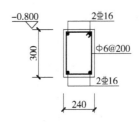

图 5-14　地圈梁详图

1）一般基础顶面宽度应比墙基底面宽度大 200mm，基础底面的宽度由设计计算而定。

2）梯形基础坡脚应大于 450mm，阶梯形基础每阶不小于 250mm。

3）从图中可见，详图内表示出石砌体的形状、标高、尺寸、轴线、图名、地圈梁位置等内容。

4）地圈梁（DQL）也有简称为地梁，适用于所有条形砌体基础，其详图以剖面图表示，图中地圈梁尺寸为 300mm×240mm，四角布置纵筋，HRB400 级钢筋，直径为 16mm，箍筋的直径为 6mm，间距 200mm。地圈梁的顶标高为-0.800m。

三、主体结构施工图的实例识读

1. 梁施工平面图

梁平法实例图如图 5-15 所示。

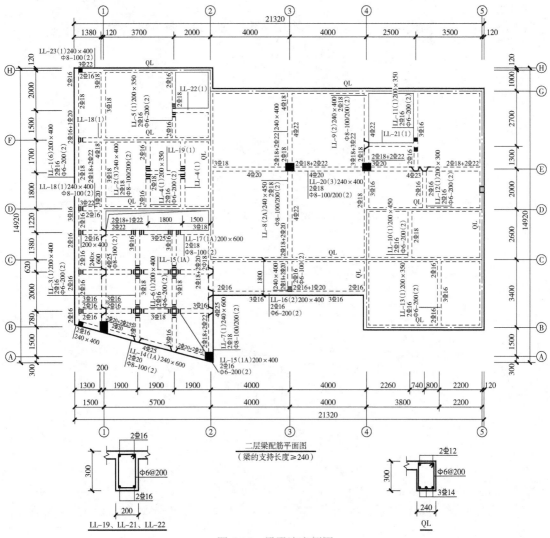

图 5-15　梁平法实例图

1）平面图中，竖向承重构件有柱和墙体，墙体上做有圈梁（QL），其余梁的代号均采用 "LL" 符号。

2）图形名称为二层梁配筋平面图，比例为 1：150。

3）轴线编号，水平方向为①~⑤轴，竖向为Ⓐ~Ⓗ轴，轴线间尺寸如图中所示。另有，①轴左侧为外挑部分，其外挑长度为 1380mm，Ⓒ轴在房屋中部的前方也有外挑，其长为 1800mm。

4）梁的编号和数量及其位置，详见图中所示。

5）图中"⌐⌐"表示吊筋的位置，配筋数量由引出线带其标注来表示。图中"⊢Ⅲ⊣"表示附加箍筋的位置，数量为"3 Φ 8@50"，详见设计说明中的条文，实际增加的箍筋数为 2 个，另一个仍为基本箍筋。

6）梁的配筋情况，按照其注写方式逐一分别进行识读。其中该图表明梁顶标高与结构层高相同。

2. 板施工平面图

现浇楼板配筋实例图如图 5-16 所示。

1）图为二层楼板结构平面图，比例为 1：150。

2）图中轴线位置和编号、轴间尺寸与该层梁图、建筑平面图吻合一致，标高为 3.500m。

3）图中楼梯间以一条对角线表示，并在线上注明"见楼梯（甲）详图"，以便查阅楼梯图。

4）图中表明构造柱、柱的位置，以及楼梯间的平台用构造柱（TZ1、TZ2）的位置。

5）表明楼板厚度，大部分为 90mm 厚，个别板（共 4 块板）采用 100mm 厚，同时表明卫生间楼板顶面高差 50mm。

6）清楚地注明各块板的配筋方式和用筋数量，详见图中所示。

7）在图中，楼板各个阳角处设置有 10 Φ 10、长度 $l = 1500$mm 的放射形分布钢筋，用于防止该角楼板开裂。

3. 构造柱施工平面图

某砌体结构平面图如图 5-17 所示。

1）图中所示，南北端构造柱类型为 GZ2，其余构造柱未标明型号，根据图中注可知，均为 GZ1。

2）根据 GZ1 配筋图可知，该类型构造柱尺寸为 240mm×240mm，纵筋为四根直径 14mm、HRB400 级别的钢筋布置在构造柱四角，箍筋采用 HPB300 级别、直径为 6mm、间距为 200mm 的钢筋。

3）根据 GZ2 配筋图可知，该类型构造柱尺寸为 180mm×240mm，纵筋为四根直径 14mm、HRB400 级别的钢筋布置在构造柱四角，箍筋采用 HPB300 级别、直径为 6mm、间距为 200mm 的钢筋。

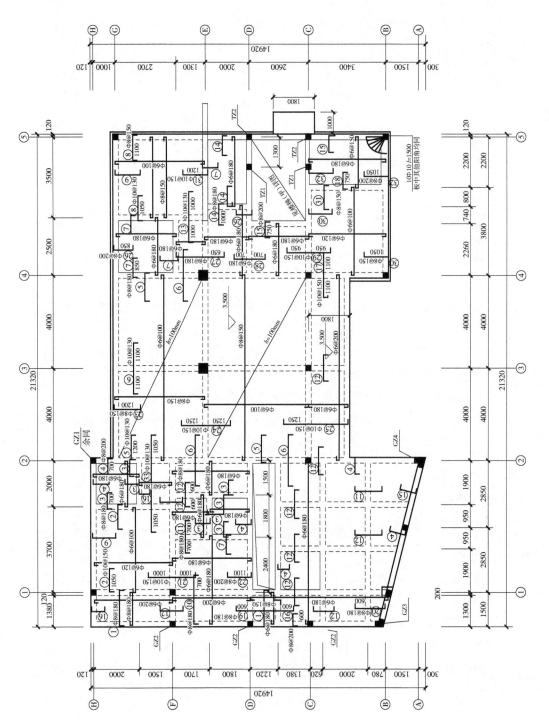

图 5-16 现浇楼板配筋实例图

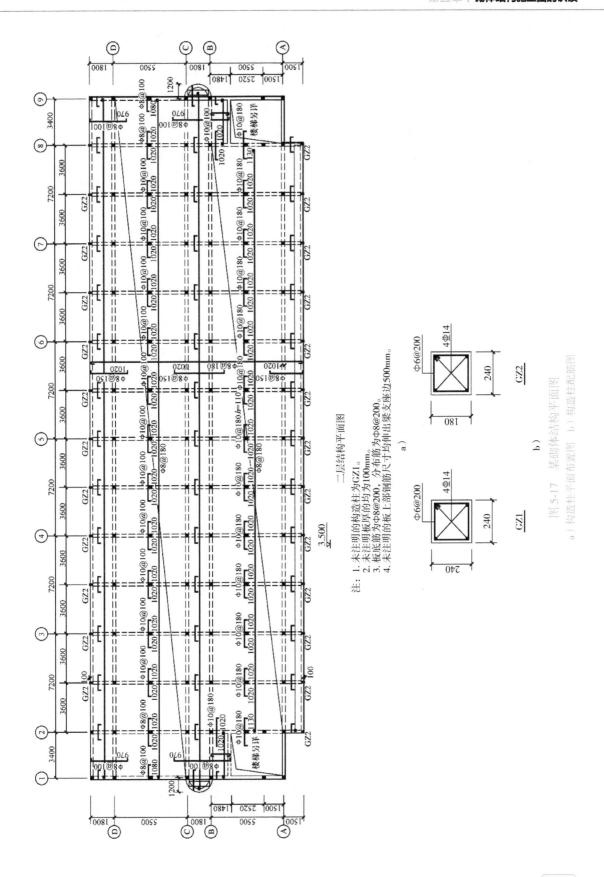

注：1. 未注明的构造柱为GZ1。
2. 未注明的板厚的均为100mm。
3. 板底筋为Φ8@200，分布筋为Φ8@200。
4. 未注明的板上部钢筋尺寸均伸出梁支座边500mm。

二层结构平面图

[图5-17 某砌体结构平面图]
a) 构造柱平面布置图 b) 构造柱配筋图

参 考 文 献

［1］ 王晓芳，许宏峰．全图解建筑结构施工图［M］.北京：中国电力出版社，2019.

［2］ 范越．零基础轻松读懂建筑结构施工图［M］.南京：江苏凤凰科学技术出版社，2023.

［3］ 李华峰．建筑结构施工图设计正误案例对比［M］.武汉：华中科技大学出版社，2017.

［4］ 张海鹰．建筑结构施工图［M］.北京：中国电力出版社，2016.

［5］ 张红星．土木建筑工程制图与识图［M］.南京：江苏凤凰科学技术出版社，2014.